動物學家全面解析從習性、相處到飼養方式的130篇鼠鼠真心話

當然問倉鼠才清楚！

今泉忠明 監修
琹子 繪
林子涵 譯

前言

各位鼠友，大家好！
這麼問有點突然，不過，你們的「鼠生」過得如何呀？
一樣喜歡拿到東西就往嘴裡塞？
一樣不懂主人的行為？
常常沒事就肚子餓？
原來如此，我全都了解，
把所有問題都交給我來解答吧！

各位鼠友可能不太了解自己，
不過，我接下來會一一仔細解說，
從我們鼠語的用法
到行為、身體構造等等。

另外，因為大家的體型比較小，
翻頁的時候可能會有點吃力……
閱讀本書時，注意別讓主人發現了！

鼠學老師
今泉忠明

鼠學老師，請教教我！

三線鼠・♂

對自己的藍紫毛色很有信心的貪吃鬼

鼠學老師

所有倉鼠的知識他全都知道

黃金鼠・♀

個性倔強、金黃毛色的鼠小姐

三線鼠・♂

即將獨立、準備「登大鼠」的鼠寶寶

真相只有一個……因為主人才剛打掃完！
鼠學老師
定格…
喂，大家怎麼緊張到僵住了
那個地方還是我的窩嗎？
沒錯！
這種大掃除是為了讓我們倉鼠的生活更舒服
基本上每個月會掃1次哦！
其實主人應該要保留味道，放進一些用過的墊材才對……
可能忘記了吧……
好棒好棒
嚼嚼
嚼嚼
真是可惜……
嗚
沒事就好
鼠學老師！人家也有問題

老公公鼠・♂

身手矯健看起來很活潑，但其實是個膽小鬼

黃金鼠・♂

即將2歲的鼠前輩，有強烈的地盤意識

我的主人！他完全不管我的感受！
要怎麼讓他知道我很生氣？
我來教教你！
表現生氣的方法
①磨牙
咯吱咯吱
②發出吱吱聲
吱吱
③發出嘰嘰聲
嘰嘰
只要學好這三個方法，主人就會知道你的不滿！
加上耳朵開飛機，就太讚了！
這樣嗎？
嘰嘰
好恐怖！
真厲害
就讓我來教大家「對倉鼠※有用的生活知識」吧！
拜託鼠學老師！
全體倉鼠

※在本書，被人飼養的鼠統稱為「倉鼠」。

CONTENTS

第1章 鼠式溝通

第2章 倉鼠的謎之行動

第3章
倉鼠的生活

第4章
倉鼠與人

第5章 倉鼠的身體秘密

第6章 倉鼠雜學

本書的使用方法

方便閱讀的一問一答方式，
由鼠學老師為各位鼠友們解答疑問。

鼠鼠的疑問
從個性到習性等，逐一列舉日常生活中的大小疑問。

鼠奴小叮嚀
鼠友們可省略這個部分(主人請偷偷看就好！)。

#(標註)
關鍵字的標註，請搭配INDEX(P188之後)的索引。

鼠學老師的回答
針對鼠友們的疑問，一一給予詳細的解答。

更加詳細的說明！

Column
深入探討和疑問有關的內容，有興趣的鼠友不妨讀一讀。

還有總複習隨堂考

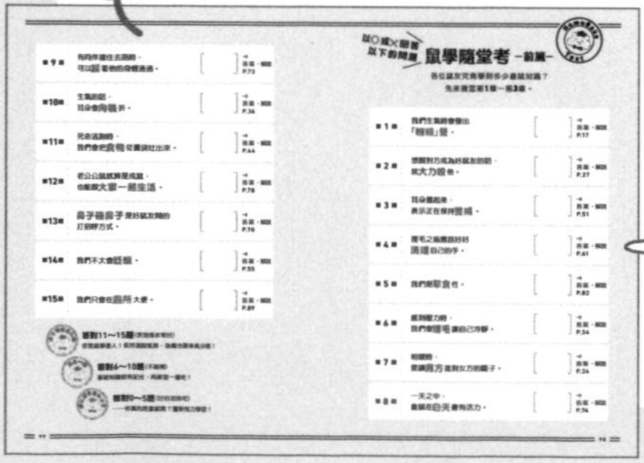

鼠學測驗
前篇是1～3章，後篇是4～6章，請以滿分為目標好好加油！

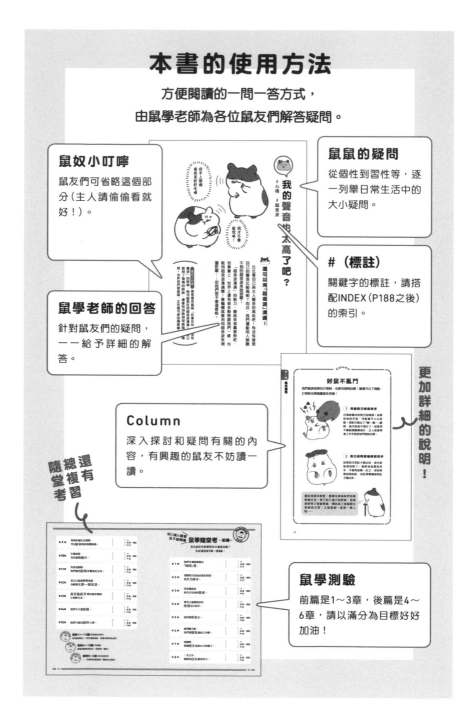

第1章

鼠式溝通

喜歡、討厭、生氣、放鬆……

一起來學習表達自己的情緒吧！

我的聲音也太高了吧？

#心情 #超音波

還可以用「超音波」溝通！

比比看自己與主人聲音的高低吧！有沒有發現自己的聲音比較高呢？而且，我們還能用人類聽不到的超音波來說話喔～

「超音波溝通」的能力，聽起來很厲害對吧，但事實上，世界上還有很多動物跟我們一樣，也能用超音波溝通喔！像蝙蝠就會利用超音波來測量距離……但我們是不會這樣啦。

鼠奴小叮嚀 要是看見鼠鼠「好像在叫，卻沒有聲音」的時候，牠可能是在用超音波溝通！有些公鼠到了發情的時節，還會特別跑到母鼠面前唱情歌。也許你們家鼠鼠，正在唱可愛的情歌哦～

我很生氣!!吱吱

#心情　#吱吱

表示我們「很不喜歡」！

息怒息怒，別生氣，連我都聽到你的聲音了！如果鼠友發出「吱吱」聲，其實代表「討厭」或「害怕」，所以想要拒絕。

「吱吱」除了表達生氣的情緒，也帶有一些威嚇，是「別再過來！」的意思。如果其他鼠友對你發出「吱吱」的叫聲，就是他不喜歡你的證據。雖然你可能會有點寂寞，但你應該還是要保持適當距離，避免跟他接觸比較好。

鼠奴小叮嚀 如果碰觸鼠鼠時，牠卻發出了「吱吱」，表示叫你「不要過來」。這時請給牠一些時間冷靜，別驚動牠。有的飼主會安慰鼠鼠「又沒關係！」但通常只會讓牠更生氣。

想打架？放馬過來啊！

#心情　#嘰ー嘰ー

強烈威嚇時發動「嘰ー嘰ー」攻勢

想要挑釁對方，就發出「嘰ー嘰ー」聲來威嚇他吧！比上一頁介紹的「吱吱」聲還更有氣勢，絕對能嚇跑對方。

其實無論是在疼痛、恐懼或者恐慌時，發出「嘰ー嘰ー」聲的效果都很好。甚至當你亢奮的時候，都可以用這個聲音詮釋出「吼！」的心情，所以遇到正在「嘰ー嘰ー」叫的鼠友時，記得不要離他太近比較好。

鼠奴小叮嚀 如果鼠鼠發出了「嘰ー嘰ー」聲，代表牠相當亢奮，千萬別碰觸！如果牠還仰躺外加拳打腳踢（請參閱P39），表示亢奮程度相當高，這時伸手碰觸可能會被反咬一口。

Column

好鼠不亂鬥

我們鼠族就算在打架時，也是有規則的喔！請遵守以下兩點，打架時也要盡量避免受傷！

1 弄痛對方時就收手

打架時最好咬對方的背部！如果咬他的手指，可能會不小心咬斷。而對方發出了「嘰－嘰－」聲時，就代表他不想打了。如果再不聽勸還繼續追打，主人就會帶著工作手套把你們強制分開。

2 對方投降認輸時就收手

如果對方把肚子露出來，就代表他想投降了。這時你就應該收手，不要再追擊。反之，你如果想投降的話，也記得要翻身把肚子露出來。

還記得我年輕時，都跟兄弟姊妹們和樂地過生活。到了約三週大的時候，我漸漸地有了地盤意識，開始為了地盤跟兄弟姊妹打架！之後我都一直是一個人呀……

表達自己的不滿

#心情　#磨牙

何不試試「咯吱咯吱」磨牙？

我的同伴有時會發出「咯吱咯吱」的磨牙聲。這個謎之磨牙，讓我非常好奇。我觀察了一段時間，發現他只要發生自己討厭的事情，就會開始磨牙。對了，他在威嚇其他鼠友時也會磨牙。

如果你察覺到其他鼠友也發出磨牙聲，不妨想想自己否踩到了他的底線，讓他不爽。學習當一隻會察言觀色的倉鼠吧♪

鼠奴小叮嚀　很多行為都可能讓鼠鼠不滿，像是「開心散步被打斷，還被送回籠子」或「還想玩，可是玩具被拿走」等等。有時雖然會有不可抗的因素，但盡量滿足鼠鼠需求會讓牠很開心的。

咬籠子就會有零食吃嗎？

#心情　#咬籠子

才沒有這麼好的事！咬籠子可能會咬合不正

你有過「狂咬籠子，然後主人就給零食吃」的經驗嗎？你當時一定在想「只要一直咬籠子，就會有好吃的東西囉」，你真是聰明啊！

不過，這件事其實有害你的健康。啃咬籠子會讓你的門牙彎曲，造成咬合不正。咬合不正的話，吃東西會有困難，也沒辦法好好消化食物。

一時的開心與自己的門牙，哪一個比較重要呢？

鼠奴小叮嚀　鼠鼠的門牙太長或是彎曲，都可能會造成咬合不正。除了先天性的原因，咬籠子所造成咬合不正的例子最常見。所以要多注意，不要讓鼠鼠養成愛啃咬籠子習慣。

吊單槓真好玩

#心情　#吊單槓

運動量似乎有點不夠

你該不會覺得自己運動量不足吧？在想運動又無所事事的倉鼠之間，很流行這種「把籠子鐵絲當作單槓」的運動！雖然在籠子裡吊來吊去的想法很天才，但你知道嗎，這種運動是容易受傷！不小心手滑，從天花板摔下來結果骨折的意外，其實很常發生。

別冒著受傷的風險，還是乖乖使用主人幫你準備好的安全運動器材吧！

鼠奴小叮嚀 在籠子內放入一些鼠鼠喜歡又可以運動的設施，例如：滾輪、管子等。別放能協助鼠鼠爬到頂端的東西，並多注意籠子內器材的設置，避免意外的發生。

出口在哪裡？

#心情　#逃走

巡邏地盤的時間到了嗎？

你有離開籠子，到外面的世界逛逛的經驗嗎？只要去過一次的地方，都是你的地盤！我們鼠族的地盤意識很強，如果是自己的地盤，都必須好好確認跟巡邏！

你也會很想巡邏自己的地盤吧，所以一直想找到籠子的出口，然後把門打開。我也認識一些鼠強人，會自己把塑膠籠子咬破飛奔出去。

鼠奴小叮嚀 鼠鼠只要在房間散步過，就會把去過的地方視為地盤（請參閱P106）。巡邏對倉鼠來說非常重要，牠們可能會聰明地弄開設計簡單的門，飼主最好多加一個鎖，然後仔細固定好。

好喜歡另一邊的他♥

#心情　#相親

隔著籠子OK的話就直接接觸吧！

妳是不是很困惑「為什麼只能隔著籠子」呢？要遇到真命天子實在不容易，所以必須先觀察、互相了解。如果對方不是妳的菜，妳才不會想去他的地盤玩對吧！隔著籠子，先熟悉、確認心意是很重要的。

如果隔著籠子一段時間，彼此都覺得OK的話，就可以拜託主人讓你們直接見面、接觸囉。順利的話就能正式成為夫妻～

鼠奴小叮嚀　如果看見母鼠將尾巴翹高，就可以把牠放進公鼠的籠子裡了。倉鼠的交配時間大約是20分鐘～1小時。牠們交配之後會舔自己的生殖器，這時要盡快把母鼠放回原本的籠子裡。

Column

相親小插曲

就算隔著籠子的相親很成功，也不代表正式接觸時不會打架。但也別放棄！可以先彼此隔著遠一些，然後重新試一次看看。以下是結婚成功的鼠夫妻訪談！

主人把他的籠子放在我的籠子旁邊，我就這樣觀察他好幾天。等到我確認氣味、覺得他可能是真命天子的時候，主人也看出我的心聲，於是在我發情時，把我送到他的籠子裡面。結果……

沒想到見面會打架。好險主人眼明手快將我們分開，把她帶回去。後來我們隔著籠子又吵了一陣子，但才過一週就和好了。她之後又來我的籠子，這次沒有吵架，馬上就成為夫妻了～

我……才沒有不舒服

#心情　#身體不舒服

我們善於隱藏自己的不舒服

野外的世界有很多我們鼠族的天敵。如果不小心露出自己的破綻，很可能會成為天敵的下一個獵物。所以，我們就算身體不舒服，也一定要裝成很健康才行。

可是身為寵物鼠，其實沒有野外那種天敵。因此「讓主人知道自己的狀況」非常重要！你不舒服時，也可以試著不吃飯，努力讓主人察覺我們的身體狀況。

鼠奴小叮嚀 倉鼠的身體嬌小，不容易看出身體的異狀。所以也能從進食、排泄量等的細微變化，來檢查鼠鼠的健康狀況。如果症狀已經能用肉眼察覺，例如長腫瘤，通常都已經很嚴重了……

我們想感情升溫

#心情 #輕咬

輕咬他，然後跟他玩遊戲～

你是一隻很內向的鼠對吧？讓我們來觀察一下其他鼠友是怎麼玩遊戲與相處的。你會發現，他們都會先舔舔對方，然後再輕輕咬。你可以試著練習輕咬你的好朋友。

這種玩法也是有技巧的。請注意別咬得太用力。對方如果發動「吱吱」（請參閱P17）或是「嘰—嘰—」（請參閱P18）就表示你弄痛他了，要趕快停止！這些跟大家相處融洽的小技巧相當重要。

鼠奴小叮嚀 鼠鼠的互相輕咬是感情升溫的一環。但如果有一方被弄痛、發出「嘰—嘰—」聲，表示他們正在吵架（請參閱P19），甚至可能演變成流血衝突，要盡快將分離。

宣示地盤大絕招！

#心情　#廁後撥沙

把尿過的沙踢出去

你不說我也知道，你是一隻地盤意識很強的鼠，對於宣示主權非常堅持！既然這樣，我推薦這招給你：把用過的沙子飛踢出去。

尿液會把你的味道濃縮起來，是一種標記主權很棒的方法。主人幫你弄的廁所裡有沙子對吧？上完之後把沙子用力踢出去，就能告訴大家「這裡是我的地盤!!」，做出地盤的印記。

鼠奴小叮嚀 如果鼠鼠喜歡上完廁所之後，猛踢沙子出來，就代表牠的地盤意識很強烈。雖然有些倉鼠也會在上廁所時這麼做，但那只是在確認安全而已，跟宣示主權是不同。

緊緊黏著睡覺覺

#心情 #倉鼠們黏緊緊

老公公鼠喜歡黏在一起～

你看這些老公公鼠，超愛一起作伴。但黃金鼠或三線鼠也喜歡窩在一起嗎？他們大概會想說「擠在一塊？怎麼想都無法理解！」沒錯，像這種喜歡大家聚在一起的群居行為，是老公公鼠特有的。

其他倉鼠擁有強烈的地盤意識，所以成年之後都是自己一隻鼠過生活。但是老公公鼠天性比較膽小，跟親朋好友待在一起，他們會比較會有安全感。

鼠奴小叮嚀

「全都擠在一起不會很難受嗎？」其實窩成一團的老公公鼠是倉鼠世界的特例，是唯一在成年之後能一起飼養的倉鼠！牠們怕生又神經質，需要主人的溫柔對待。

Column

寵物倉鼠圖鑑

我接下來簡單介紹寵物倉鼠的五個主要種類♥

黃金鼠

體長 18～19 cm
體重 95～150 g
原產國 敘利亞、黎巴嫩、以色列

黃金鼠是適合被飼養的家庭寵物鼠，體型也是最大的。個性溫和，容易與人親近。不過他們的地盤意識非常強，只能單隻飼養。

三線鼠

體長 6～12 cm
體重 30～40 g
原產國 哈薩克、西伯利亞

又稱楓葉鼠，是侏儒鼠（體型嬌小的鼠類，常指黃金鼠以外的倉鼠）中比較溫順的，也比較容易親近人，很適合第一次養倉鼠的人。

你知道嗎？ 臭腺的位置

能標記地盤的體液，是從「臭腺」分泌出來的。黃金鼠是在腹部兩側，而侏儒鼠則是分布在嘴巴周圍以及肚子上。

老公公鼠

體長 6～10 ㎝

體重 15～30 g

原產國 俄羅斯、哈薩克、蒙古

侏儒鼠中最小的倉鼠，身手很敏捷。由於個性膽小，要讓他們待在主人手上都有難度。適合多隻一起飼養。

一線鼠

體長 6～12 ㎝

體重 30～45 g

原產國 俄羅斯、蒙古、中國

外觀與三線鼠幾乎一模一樣，個性卻截然不同。他們的性格剛強，而且攻擊性較高，基本上很少有一線鼠可以習慣人類。

中國倉鼠

體長 9～12 ㎝

體重 30～40 g

原產國 中國、內蒙古自治區

身形細長，有著像老鼠的細長尾巴。臉型也比較長。雖然警戒心比較高，但有些個體能隨著時間慢慢習慣人類。

不小心漏尿了……

#心情　#漏尿

你是不是很害怕

先別緊張，漏尿沒什麼好害羞的！基本上，我們鼠族只會固定在先前決定好的地方小便。如果你漏尿在其他地方，表示你正處在極度不安的恐懼中。

壓力很大的時候，最能讓我們冷靜下來的東西是什麼呢？沒錯，就是自己的「味道」。所以在自己周圍尿尿，好讓自己冷靜下來，是一件再合理不過的事了。

鼠奴小叮嚀 如果是不小心大便，就很難判斷是不是壓力太大。倉鼠大便的地方本來就沒有定點，所以也可以從身體是否因為緊張而僵住，或從其他小細節來判斷是不是壓力造成的。

Column

不小心漏尿的理由

雖然漏尿是讓我們放鬆的好方法，但當然最好還是不要隨便亂漏尿。來聽聽其他鼠友的漏尿經驗，找出讓他們漏尿的壓力來源吧。

Case1 剛搬新家

我不小心在我的鼠窩裡漏尿了。因為才剛搬好家，我覺得出去外面很可怕……雖然我也不想把睡覺的地方弄髒，但也沒辦法。過了一陣子，等到我比較習慣周遭環境之後，就不會在窩裡漏尿了。

Case2 主人的手好可怕

我呀，之前不小心在主人的手上尿出來。我從來沒有到人的手上過，所以非常緊張。現在雖然已經習慣，但有時還是會不小心。但沒關係，主人都會笑著原諒我。

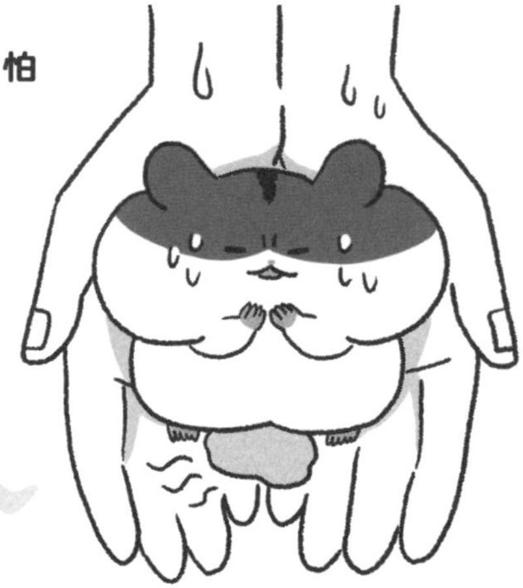

我的壓力好大……

#心情　#理毛

來理毛吧！

每一種動物面對壓力時，都有一套讓自己冷靜下來的方法。有些行為看起來似乎無關緊要，卻能幫助我們有效放鬆。例如狗狗會舔自己的腳，貓咪則會用打哈欠來紓緩緊繃的情緒。

當我們鼠族遇到可怕的事情時，「理毛」是最推薦的舒壓方式。只要一心一意專注在理毛，就能有效讓我們漸漸安心下來。

鼠奴小叮嚀 這種緩和壓力的行為，在學術上稱為「轉移行為」。舉例來說，幫鼠鼠搬家第一天或剛清理完牠的窩，由於味道消失，牠們都會相當緊張。這時不少鼠鼠會藉由理毛來紓緩壓力。

舔—舔—這是什麼？

#心情　#舔舔

好多平常沒舔過的味道

主人的手、籠子的牆壁，這些東西的味道如何呢？鼠學老師我也舔自己有興趣的東西。人類的手鹹鹹的，籠子則有鐵的味道，跟食物不一樣，感覺超好玩！籠子裡的東西基本上都很安全，就算放進嘴裡也行，只要你覺得有趣都可以舔看看哦。

總而言之，我們鼠族的味覺特別敏銳。例如高麗菜等葉菜類，與果實的味道就不同，我們可以分得很清楚。

鼠奴小叮嚀　野生動物會舔石頭來攝取礦物質。而倉鼠會舔籠子或主人的手，是為了礦物質或其他原因就不一定了。有些主人覺得舔手是一種「示愛」，但那只是一廂情願而已。

馬上讓你知道我超生氣

#心情　#耳朵開飛機

耳朵向後折表示超生氣

只要看見這位鼠友，一定馬上知道「他現在很生氣」。我們能馬上看出的原因，可能是因為氛圍或者叫聲——雖然這也有助於判斷，但最明顯還是耳朵。

一般狀況下，我們的耳朵都會是立著。但如果生氣或是警戒時，就會把耳朵往後折，這又稱為「開飛機」。別以為可以隱藏自己的情緒，對我們來說，耳朵是比嘴巴還誠實的地方。

鼠奴小叮嚀 鼠鼠的耳朵，能讓主人更了解牠的情緒。如果耳朵往後折，表示牠正在警戒中，要是還加上生氣的叫聲（請參閱P18），那就已經七竅生煙了。

當有危險逼近……

#心情　#縮手站著

找到機會就能開溜的「警戒POSE」

「要逃跑比較好，還是再繼續觀察情況呢？」你有沒有過這種經驗：似乎有危險又不確定該不該逃跑……所以不知道要如何行動。

這種時候，我推薦你一個姿勢，保持站姿，然後把兩手縮在胸部的兩側準備。我們後腿的力量很大，可以輕鬆站起來。擺出這個POSE，加上用耳朵、眼睛觀察周遭，是最棒的應對方式。

鼠奴小叮嚀 如果你的鼠鼠縮手站著，表示牠感受到危險。說不定是人類聽不見的細小聲音讓牠緊張。在牠卸下防備前，都不要發出聲響，只要靜靜守護就好！

再靠過來休怪我攻擊！

#心情　#舉手站著

警戒POSE＋手舉起來

「我不會逃跑！我要站起來接受你的挑戰！」當你決定正面迎擊時，就發動這個攻擊的POSE。前一頁教的「警戒POSE」你練熟了嗎？再舉高雙手就是「攻擊POSE」，這個姿勢不但方便出手，也能用牙齒攻擊，真是太厲害了。

而且，這個姿勢還有一個好處，就是讓你看起來比較大隻！看起來比平常還大，讓對方一定會嚇到發抖。

鼠奴小叮嚀　黑腹黃金鼠的「攻擊POSE」最有魄力！平時沒露出的黑色腹部，因為站立並把手舉高，會清楚露在正面。這時身形看起來變大，又是黑色的，讓敵人的恐懼指數加倍！

我已經認輸了，快點饒過我

#心情 #翻過來拳打腳踢

仰躺著，準備最後的奮力一擊

如果對方把弱點之一的「肚子」翻過來給你看，表示他在說「我認輸了，拜託饒了我」，也就是「投降POSE」。但如果已經認輸，對方還是窮追猛打的話怎麼辦？別擔心，我們鼠族肚子的同一邊，還有最厲害的武器：牙齒。

如果擺出「投降POSE」後又被攻擊，可以一邊手腳亂蹬做抵抗，一邊加上「嘰—嘰—」聲（請參閱P39）來威嚇對方，讓他知道「再靠近就要咬下去」！

鼠奴小叮嚀 野生老鼠被貓頭鷹等天敵攻擊時，也會採取這種姿勢。用最厲害的門牙去攻擊敵人，並想辦法逃走。雖然肚子是弱點，但走投無路時，一直保護肚子是不能救自己一命的。

萌鼠劇場

吊單槓趣

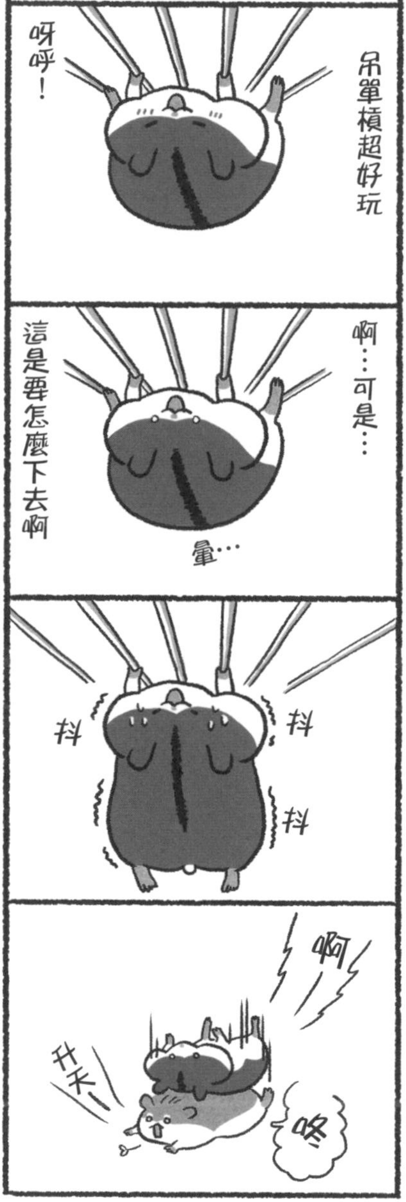

讓我出去玩

第2章

倉鼠的謎之行動

啊！你現在會有的每個行為，
其實都是有道理的！

受驚嚇時，身體僵住

#行為　#僵住

蒙騙敵人的好方式

我們先來看看野生倉鼠。那隻鼠友本來在移動，咦？怎麼突然僵住了？原來天空有我們鼠族最怕的天敵——貓頭鷹，但他稍作停留之後就飛走了。為什麼貓頭鷹沒有看到那位野生鼠友呢？

猛禽雖然有非常優異的動態視力，卻看不清楚一動也不動的靜物。利用這種弱點，我們在遇到敵人時會習慣性僵住不動，讓天敵有「原來不是獵物～」的錯覺。

鼠奴小叮嚀 受到天性影響，就算是寵物倉鼠也會有這種行為。如果你的鼠鼠僵住不動，請理解牠是拚了命僵在那邊，不是因為好玩！所以請盡量不要發出巨大聲響。假裝不知道牠的存在，才會讓牠安心。

怎麼辦，可以逃走嗎？

#行為 #單手POSE

準備好衝刺

P37介紹過縮起雙手的「警戒POSE」，接下來要說明，只縮起單手的「單手POSE」。如果有些緊張，卻還不到警戒的程度時，建議使用這個姿勢，不但節省力氣，想要逃走時也能馬上衝刺。

但也有不少主人以為「單手POSE」是狗狗世界中被當成才藝的「握手」，結果以為我們學會新才藝，在那邊大喊「我的鼠鼠好厲害」，其實只會讓我們更緊張……

鼠奴小叮嚀 雖然鼠鼠這個姿勢很像在握手、也很可愛，但這其實只是為了能快速衝刺逃走的預備姿勢罷了。不要驚叫「好可愛～♥」而把牠嚇得「抱頭鼠竄」！

吐光食物是快速逃跑的祕訣

#行為　#吐出囊袋中的食物

把存在囊袋裡的食物全都吐出來

你有沒有過這種經驗：躺在醫院的診療台上，旁邊包圍了一堆不認識、穿著白色衣服的人，你不禁心想：「他們是不是敵人？會把我被吃掉嗎？」緊張到想趕快逃離。

如果真的想快速逃走，那你怎麼還帶著食物咧？不把食物吐出來，很快就會被敵人抓起來。你的性命比食物重要多了！快將你囊袋中存著的食物全部吐乾淨，用食物來分散敵人的注意力，然後趁機逃走吧。

鼠奴小叮嚀 倉鼠逃跑時，為了盡量讓自己輕巧，會將存在囊袋中的食物全部吐出來。如果吐出重要的糧食，表示情況非常緊急！有不少鼠鼠都會在看醫生時，吐出自己的存糧。

想去遙遠的地方！

#行為　#全力滾輪衝刺

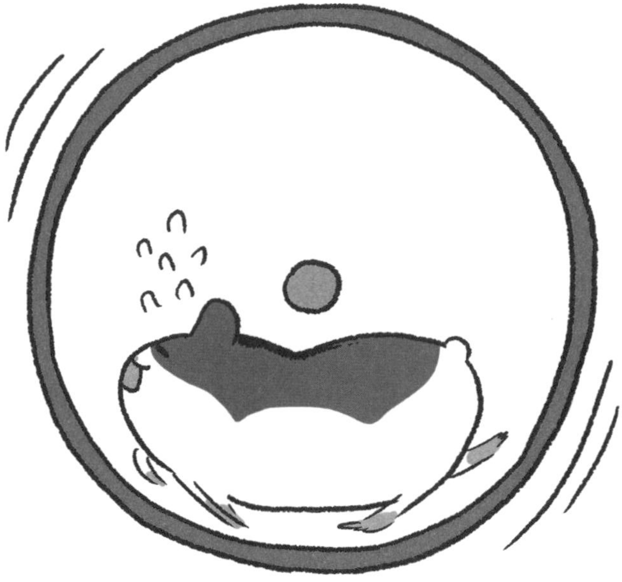

讓我們乘著滾輪

你是不是最近狀況不太好呀，眼睛睜得這麼大，又在籠子裡衝來衝去。不過，籠子空間有限，沒辦法讓你好好紓解壓力！沒關係，鼠學老師來幫你想辦法。

注意到那邊的滾輪了嗎？請你馬上去上面跑步。只要將注意力放在無盡的奔跑上，就會以為自己已經到了遙遠的他方。等到你覺得跑得夠遠了、開心了，再從滾輪下來，繼續你的日常鼠生活。

鼠奴小叮嚀 當你的鼠鼠非常專心、馬不停蹄在滾輪上奔跑時，很有可能是為了釋放壓力。這可能是鼠鼠覺得必須要逃走，心裡很焦急，想「逃到遠處」的行為。

最最安全的匍匐前進法

#行為　#匍匐前進

盡量壓低身體

鼠族很容易被天敵獵捕，所以我們的祖先想出了各種警戒姿勢，來應對可能發生的危險。直到今日，這些行為在倉鼠世界中也有深刻影響。

其中一個姿勢就是匍匐前進。這樣可以躲過天敵，也能聞到地板。你不妨試試看，如果壓低身體，鼻子自然會離地面很近。一邊聞著地板的味道，用嗅覺判斷前方是否安全，然後一邊確認前進的方向，這樣最保險。

鼠奴小叮嚀 人類躡手躡腳行走時，身體自然會縮在一起。同樣的道理，倉鼠感受到危險時，也會緊縮、壓低身體。而且身體靠地面越近，就越能嗅聞地板的味道，也會比較安心。

想在爬過的地方留下標記

#行為 #標記

一邊爬行 一邊摩擦臭腺

到陌生的地方是否讓你緊張？心想「希望趕快回到熟悉的地方……如果不行，也至少讓我回到去過一次的地方就好」，你的不安我懂，讓我來告訴你該怎麼做。

擺出在前一頁所介紹的姿勢，將身體壓低順勢用臭腺（請參閱P30）摩擦地板就行了！黃金鼠的臭腺在腹部兩側，侏儒鼠則在肚子的中間。只要在前進時用臭腺摩擦地面，就能留下自己的標記。

鼠奴小叮嚀 倉鼠爬過先前的路線時，如果發現自己的味道突然消失，就會以為「上次應該是碰到危險才返回。繼續走下去會有危險……」。牠們是不會冒著危險繼續走下去的。

四腳朝天睡覺最舒服！

#行為　#躺著睡

完全無警戒！倉鼠獨一無二的姿勢

我問過野生鼠友：「你們也會躺在地上睡覺嗎？」結果他驚恐地回答：「怎麼可能！躺著睡覺的話，應該是打算自殺！」沒錯，正如他所說，肚子就是我們鼠族的弱點！如果在野外大喇喇露出肚子，等於是在告訴天敵「快來吃我❤」。

不過被主人飼養的鼠友不用顧慮那麼多。你們不用擔心睡覺時會被獵捕，可以把肚子露出來大睡特睡，「躺著睡」是寵物鼠的特權！

鼠奴小叮嚀 如果飼主看到鼠鼠將肚子露出來睡覺，就代表牠非常安心，可喜可賀～但也有可能是因為天氣太熱，為了散熱而露出肚子。想了解鼠鼠真正的想法，必須要多方觀察才知道！

Column

打哈欠是放鬆的證據

你會不會張大嘴巴「哇啊～」打哈欠呢？狗狗、貓貓與我們相反，他們在緊張時會直打哈欠，藉此消除壓力。而我們倉鼠則是在最放鬆的時候打哈欠，越放鬆、打的哈欠也會越多。

我也會打哈欠喔！最近在理毛的時候，常常舔到一半就打了個哈欠，結果一沒注意，就不小心翻肚睡著了。這表示現在的環境讓我非常放鬆、安心，我要給主人一個大大的讚！

那傢伙，一屁股坐在那裡

#行為　#坐著

那一定是個安全的地方

為什麼平常不用屁股坐著？因為如果敵人來襲，用屁股坐著就沒辦法馬上逃走。原來如此，如果在不安全的地方，請絕對不要使用「一屁股坐著」這種危險姿勢比較好。

由此可見，一屁股坐著的鼠友一定覺得「120％安全」，非常信賴周遭環境。在一個能讓你放下警戒心的地方試試看坐姿，感覺非常有趣呢。

鼠奴小叮嚀　人類也不會在自己覺得危險的地方很放鬆的坐著；而倉鼠也一樣，如果不相信環境是100％安全時，就無法做出讓手腳離地的坐姿。

什麼都不想聽～♪

#行為 #耳朵蓋起來

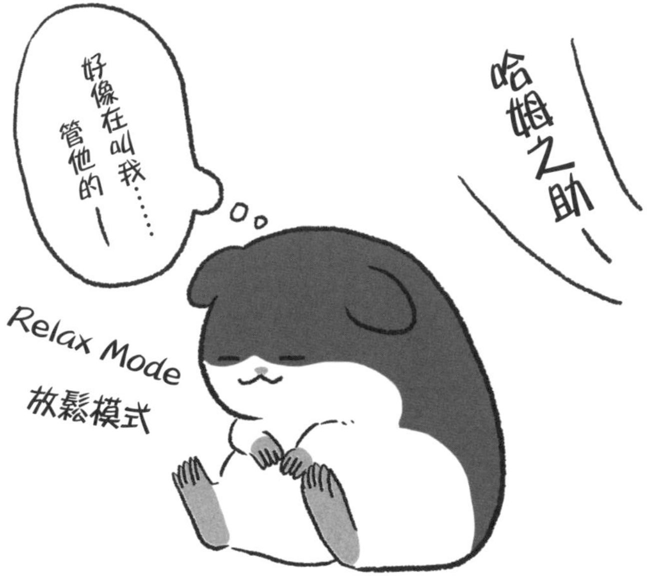
哈姆之助～
好像在叫我……管他的～
Relax Mode
放鬆模式

超放鬆～♪

我們鼠族可以聽覺得到大量資訊。如果在警戒心很重、或好奇心旺盛的時候，我們會將耳朵直直立起來，絕不漏掉一點聲音。

當我們把重要的耳朵蓋起來時，就表示「這個地方不需要聽得那麼清楚，因為很安全」，是我們非常放鬆的訊號。各位鼠友不要老是戰戰兢兢的，偶爾也要放鬆耳朵讓自己休息。

鼠奴小叮嚀 請不要用力摸或拉鼠鼠的耳朵，耳朵是牠非常精密的身體器官，這可能會讓牠變成警戒模式！順帶一提，倉鼠放鬆睡覺時，耳朵也會是蓋起來的。

那是什麼？超級在意～

#行為　#盯著看　#斜著耳朵聽

充分利用眼睛與耳朵

等等！你知道那個東西是什麼嗎？如果還摸不清對方的底細時，魯莽靠近是很危險的。所以先在原地睜亮眼，也把耳朵對著它，好好仔細觀察。

過了一陣子，如果你判斷它很安全，那就可以慢慢靠近了。說不定是主人送你的新玩具！不過在還不清楚是否安全之前，千萬不要接近喔！

鼠奴小叮嚀 當鼠鼠一直盯某處，耳朵也朝著那裡，飼主可以觀察後續，推測牠的心情。如果鼠鼠往新玩具靠近，表示是正面反應。而如果牠變成警戒狀態，身體就會一動也不動。

我要好好看個清楚

#行為 #歪頭

試試「歪頭」吧

有時用眼睛盯著看、耳朵仔細聽了一段時間，資訊似乎還是不夠多。確實，只用眼睛跟耳朵的話不太夠。在這時候，你可以試試以不同的角度歪頭，變換眼睛跟耳朵的角度。因為不同角度下，看到與聽到的也會不一樣，能有效蒐集多方面的資訊。對了，人類也會有歪著頭的時候，但這跟我們鼠族不一樣，他們歪頭只是表示「聽不懂」的意思。

鼠奴小叮嚀 如果鼠鼠一直歪著頭，那可能是得了歪頭症。歪頭的原因有幾種，例如內耳細菌感染，或者從高處落下受到撞擊，都可能讓保持平衡的器官受損。這時盡快帶去醫院比較好。

好……好亮喔～

#行為　#瞇瞇眼

把眼睛瞇起來

當刺眼的光線照進籠子裡，可以先把你的眼睛瞇成小小的，不久之後就會漸漸習慣。我們鼠族曾經住在地下，眼睛已經演化成在幾乎沒有光的地方也能生活。

如果突然被刺眼光線照射的話，我們就會嚇一大跳！不過主人回家的時候會突然開燈，在清理我們的籠子時也會把我們的窩拿起來，讓光線突然照進來……跟人類生活真是辛苦。

鼠奴小叮嚀　倉鼠起床時，也會「起床囉～」慢慢把眼睛睜開。但如果你的鼠鼠一直眨眼，可能是因為環境太乾燥。40～60％的濕度最為適合，飼主應該要確認環境是否會太過乾燥。

啊！東西跑進眼睛裡了！

#行為 #眨眼

把眼睛眨一眨！

人類如果不小心讓東西跑進眼睛，可能把兩隻眼睛都閉上，不過很有可能只有一邊有東西。像這種時候，我推薦鼠友們單獨眨一隻眼睛就好。對人類來說，單獨眨眼的動作如果不練習就做得不自然，但對我們鼠族來說根本是一片小蛋糕。我們習慣挖掘地面，挖的時候東西飛入眼睛裡根本就是家常便飯。一下眨右眼、一下眨左眼，簡直不費吹灰之力！

鼠奴小叮嚀 倉鼠平時心無旁鶩、只顧著挖木屑時，東西飛到臉上好像也不介意。但如果飼主仔細看就會發現，鼠鼠為了防止異物跑進眼睛，其實一直很熟練地眨眼睛。

不快點儲備食物是不行的！

#行為　#用囊袋儲存

盡量把食物往頰囊裡塞

眼前雖然有食物，但說不定是我鼠生的最後一餐……如果不好好儲存起來，下一餐不知道要等到什麼時候，所以我們絕對不能浪費任何一點眼前的食物。

看到食物時，就通通裝進嘴巴兩側的囊袋吧。接著再把這些食物存放在食物基地，讓自己隨時都有東西吃，整天安安心心。

想知道我們鼠族囊袋的由來嗎？在P180有詳細的介紹喔！

鼠奴小叮嚀 在野外找食物簡直像是在跟死神打交道，由於可能碰到天敵，倉鼠會盡量避免來回找尋食物。所以食物都會先被塞進在臉頰兩側的囊袋中，之後再放到儲藏的地方。這是倉鼠野外求生的妙計之一。

Column

如何分辨吃過的食物

人類看見我們把食物一個一個塞進囊袋，總是會想「難道不會不小心把吃過的食物又放進囊袋嗎？」人類真是失禮啊！食物只要放到囊袋一次，就會沾上口水，而我們聞到自己口水的味道，就知道是吐出來的，怎麼可能會再放進嘴裡嘛！

把囊袋裡的食物統一放在特定地點，是倉鼠的潛規則。我們不可能把費盡心思找來的食物，隨便找個地方吐出來。我們鼠族喜歡好好保存糧食，然後挑個自己喜歡的時間偷偷享用……講著講著也餓了，我要把之前的存糧拿出來吃♥

努力啃堅硬的食物

#行為　#啃咬食物

吃堅硬的食物還可以磨牙

今天要吃什麼，硬硬的葵花子、壓製的堅硬乾飼料，還是咬勁十足的胡蘿蔔呢？我們鼠族的食物基本上都是偏硬的，也因為食物的硬度，讓牙齒得以保養。

我們的牙齒會越來越長，但你是否發現，自己牙齒的長度一直維持得剛剛好？如果是的話，都要歸功於堅硬的食物！只要在吃東西的時候順便磨牙，就能保持牙齒的長度了。

鼠奴小叮嚀　鼠鼠牙齒太長的話，容易咬合不正（請參閱P21），這時要餵牠吃一些種子或堅硬的乾飼料。其他齧齒動物如松鼠，也會吃堅硬的食物來保持剛剛好的長度。

從哪邊開始吃咧～

#行為 #翻轉食物

把食物翻轉一下，找個適合的角度咬下去

就算我們習慣啃咬堅硬的東西，但如果不找個好咬一點的地方下口，也會咬得十分辛苦。這時可以用我們萬能的雙手，翻轉食物。或許可以找到有裂痕、或比較軟的地方。往那個地方咬下去，就能輕鬆把殼咬開，吃到裡面的食物。而且，人類好像覺得我們兩手拿食物的動作「超萌♥」，會一直誇獎你好可愛！

鼠奴小叮嚀 用手翻轉比較硬的食物，如堅果類或種子，是囓齒動物的共通行為。如果你的鼠鼠拿著食物翻轉了好一段時間，就表示牠需要你把食物弄得更小塊。

吃完飯，超在意手上的味道

#行為　#舔手手

用舌頭舔去味道

人類會用湯匙之類的餐具用餐，而我們是直接用手吃東西。由於手直接接觸食物，所以也會殘留食物的味道。

如果就這樣放著不管，手上的味道會阻礙我們鼠族接收其他訊息。這時就要用舌頭把手舔乾淨，讓唾液沾到手，這樣食物的味道就會變成你自己的味道了。

鼠奴小叮嚀　倉鼠是非常愛乾淨的動物！除了飯後的清理，有些鼠鼠在理毛之前也會先把手舔乾淨。甚至有些更厲害的還能舔到自己的腳。比起人類，倉鼠的筋骨可是超柔軟！

準備理毛囉！

#行為 #搓揉手手

等等！你的手乾淨嗎？

喂，準備理毛的你先等一下！你有先看看自己的手嗎？你看，都被木屑、食物弄得髒髒的，如果就這樣直接理毛，你的身體也會跟著一起變髒髒。

在理毛之前，做好萬全準備很重要。首先，把兩隻手併在一起，仔細地把髒東西全部弄乾淨。等到你的手手清潔溜溜時，就準備可以理毛了。

鼠奴小叮嚀 鼠鼠雙手合十的動作，在人類眼中就像是說「拜託拜託！」，然後覺得超萌。除了用搓的，有時也會用舔的。這些動作對愛乾淨的鼠鼠來說，是在理毛前不可缺少的準備。

肚肚好癢

#行為　#抓肚子

發情期的預感❤

各位女孩們～如果妳開始一直抓肚子，說不定就是發情期到了。因為進入發情期，臭腺會分泌液體把周圍的毛弄濕，但濕掉的毛可能讓妳不舒服，所以會用手整理臭腺附近的毛。

臭腺分泌的液體含有性費洛蒙，將性費洛蒙灑在周圍，包準附近的男生馬上就被吸引過來❤

鼠奴小叮嚀 如果鼠鼠整天都在抓肚子，還有輕微的掉毛或濕疹，那有可能是過敏性皮膚炎，必須趕緊帶牠去看醫生！對了，公倉鼠在發情時，睪丸會明顯腫起，相當好分辨。

摸摸我的背，尾巴就會翹高高

#行為 #翹尾巴

這是交配的動作！

妳是不是有點納悶，「為什麼主人摸我背的時候，不小心就會把尾巴翹得高高的？」因為妳不小心把主人的手錯認成公鼠了。

我們鼠族在交配時，公鼠會趴在母鼠的背上，而母鼠會把尾巴翹高，等待與公鼠結合。

如果被主人摸的時候，不小心尾巴翹高了也不用害羞，這其實是很正常的生理反應。

鼠奴小叮嚀 除了不小心誤認成是公鼠，有時鼠鼠在剛睡醒伸懶腰，也會出現翹尾巴。雖然翹高尾巴並不是什麼壞事，但尾巴是鼠鼠很敏感的部位，請不要隨便亂摸。

剛睡醒，抖抖身體

#行為　#起床抖抖抖

起床暖身，一天的活動開始！

剛從睡夢中醒來，你是不是也會不禁抖動身體？這種行為是為了讓身體暖和起來！透過發抖讓肌肉的溫度上升，把身體喚醒。還有，起床時也要好好伸展。而且我們睡覺喜歡把身體縮起來，所以前後伸展一下也比較好。

一日之計在於晨，而「抖抖」可說是重要關鍵。朦朧張開雙眼，讓身體暖起來，再紓緩一下僵硬的部位，美好的一天就此開始。

鼠奴小叮嚀　倉鼠睡醒時，也會像人類一樣打哈欠。因為睡覺時身體會缺氧，一醒來為了補充氧氣，所以張大嘴巴吸氣。另外，鼠鼠還會伸展僵硬的手腳，是不是跟主人一模一樣呢？

Column

讓身體保暖的「棕色脂肪組織」

「棕色脂肪組織」能幫助身體暖和，是哺乳類動物都會有的一種細胞。而我們鼠族的棕色脂肪組織，則是位在頸部後面以及其他部位。

這種細胞能夠自動發熱。如果你發現有些鼠友體溫下降、快要進入冬眠狀態的話，不妨輕輕搖晃他脖子後面給予一些刺激，給他一些溫暖吧！這樣做也可以防止他進入冬眠狀態。

「棕色脂肪組織」是有助於分解脂肪的細胞，分解脂肪的同時也會產生熱能，這也是它能夠讓身體發熱的祕密。在一些冬眠動物身上，如日本睡鼠或熊，這種自體發熱的機制特別發達。如果棕色脂肪組織的機能不佳，無法讓身體變暖和，那就無法從冬眠的狀態醒來了……

這邊應該也可以……繼續挖！

#行為　#挖掘

喂喂！那邊不是土！

野生倉鼠會挖掘地面。在野外為了求生，不挖洞做自己的窩是很危險的。

這種行為似乎還存在於我們倉鼠的本能中，所以一不小心就會挖掘地面。有時我們挖掘木屑就算已經挖到籠子的底部，心裡還是覺得「一定還可以繼續挖！」然後挖挖挖。我很懂這種感覺，就算想要停下手，還是會不由自主繼續挖，這不是我們能左右的事。

鼠奴小叮嚀　有些飼主會覺得「牠真厲害，都挖不膩」，但這其實跟膩不膩無關。因為「不顧一切往下挖掘」是倉鼠的本能。看見鼠鼠一直往下挖請別擔心，不要打斷牠！

最愛收集食物還有做窩的材料♪

#行為　#用囊袋儲存

囊袋比你想的更好用！

囊袋其實有很多用途，除了運送食物到存放的地方，也能用來搬運做窩的材料。你當然可以把食物、材料一起塞到囊袋，這樣更有效率喔！

不過，前幾天我把做窩的材料吐出來，馬上聽到主人「啊！」的慘叫，在我還搞不清楚狀況時，發現原來吐出的材料中間混進了我的便便。哎呀！這只是偶爾不小心，不用那麼在意啦！

鼠奴小叮嚀 飼主必須要有「鼠鼠會把任何東西放入囊袋」的觀念！所以，請不要把「放入嘴裡會有危險」的東西，置於鼠鼠的附近，並熟讀本書P123，多花一些心思在鼠鼠的墊材上。

囊袋滿滿好幸福

早安～
你的囊袋每次都塞滿滿耶
因為囊袋只要裝得滿滿
幸福～
隨時都有東西可以吃
變少的話，又可以繼續塞
如果一直這樣，隨時想吃就能吃
完全就是個吃貨……

大冒險！

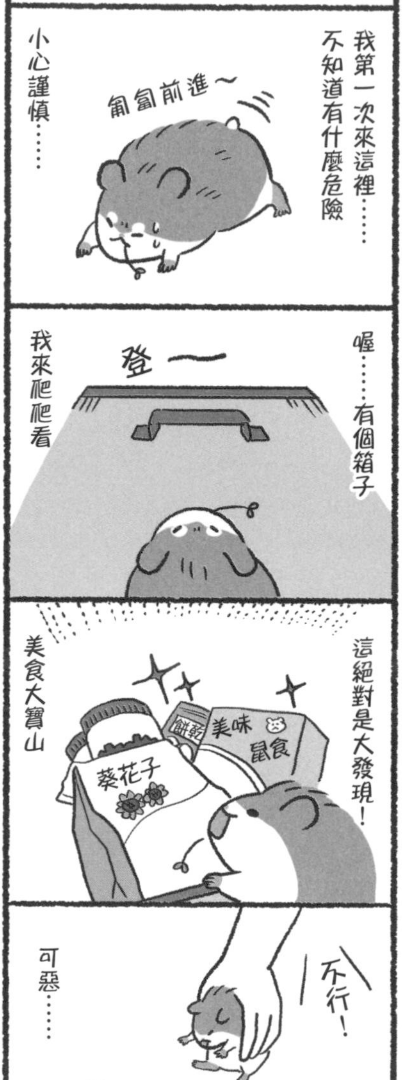
我第一次來這裡……不知道有什麼危險
匍匐前進～
小心謹慎……
喔……有個箱子
登——
我來爬爬看
這絕對是大發現！
餅乾
美味鼠食
葵花子
美食大寶山
不行！
可惡……

第3章

倉鼠的生活

日常的某些小習慣，
其實都反映出我們祖先的生活。

正確的打招呼方式！

#生活　#鼻子碰鼻子

鼻子碰鼻子，可以表示好感♥

好鼠友之間最重要的是什麼？就是是清楚傳達「我超喜歡你♥」！我們可以投過表達自己的友好之意，來慢慢與同伴們架起信賴的橋梁。

怎麼做呢？首先，面對你的好鼠友，然後慢慢靠近。由於主動接近，他會覺得你沒有戒心——這是釋出善意的重要一環。接下來用你的鼻子靠近他的鼻子，一直到能嗅聞對方嘴巴附近的距離，這樣就大功告成了！

鼠奴小叮嚀

用「鼻碰鼻」來打招呼的還有貓咪等動物。這種行為並不是在親親，而是嗅聞彼此的味道。「喔！你剛剛是不是有吃高麗菜？」之類的，鼠鼠們能藉此了解到很多事。

要如何記得對方呢？

#生活 #嗅聞對方的氣味

每隻鼠都有自己獨特的味道

我們鼠族的視力很差，基本上無法用視覺記得大家的臉。不過，如果遇到了有緣人，不想就此擦肩而過，我們還是會使出渾身解數來記得對方，祕密就在於我們的嗅覺！

我們臭腺所分泌出的體液有著特殊氣味，每一隻鼠都不一樣，所以我們能用氣味記住鼠友。如果下次又遇見，我們就會想到：「咦？這個味道好像在哪聞過……原來是你！」

鼠奴小叮嚀 由於視力較差，倉鼠會以氣味做辨別。而牠們的記憶也不特別好，無法記得聞過的所有東西。如果忘記，牠們就會「重置」記憶。就連打過架也一樣，還有可能變成好朋友呢！

可以這樣移動我唷

#生活　#叼後頸部

用叼後頸部的方式

這隻鼠嬰兒真是可愛，不過他媽媽怎麼不見了？不要緊張！媽咪很快就會回來接你。媽媽會叼著你的後頸部，讓你安心回到窩裡。其實只要被輕咬脖子後方，我們自然就會安靜下來。

有很多鼠友常常告訴我，自己就算已經長大成鼠了，如果被主人用手拎著後頸部，效果也是一樣，會突然變得安靜又穩定。這個現象是受到嬰兒時期以來的影響。

鼠奴小叮嚀 雖然小時候會被鼠媽媽叼後頸部，但也不是所有鼠鼠都會乖乖讓你拎著——有些會以為是天敵，發瘋似地死命掙脫。移動鼠鼠時，要注意別太用力拉後頸，如果牠想掙脫也不要強迫。

喂，你不要擋路啦！

#生活 #踩朋友通過

踩著朋友走過去~

各位鼠友是不是都特別愛狹窄的地方呢？一找到這種地方，就會有「趕快擠進去」的衝動，進去之後還可能不小心睡著！雖然我們身手矯健，能從狹小的地方脫身而出，但面對擋在路上的鼠友，還是很難爬出去。

這種時候請不要怕，直接從他身體踩過去就對了！如果是在同個籠子裡一起生活的好鼠友（請參閱P29），是不會介意你踩過去的。

鼠奴小叮嚀 人類如果踩到同伴身上，應該會讓對方受傷，但是倉鼠體重很輕，並不會讓腳下的同伴感覺不舒服。尤其是身軀小巧的老公鼠，很喜歡疊著一起睡覺。

晚上會更有精神耶～！

#生活　#夜行性

晚上才是我們的活動時間

「下午醒來、晚上活動、早上睡覺」才是我們鼠族的基本生活模式。這樣跟在白天活動的主人，是不是完全相反啊？

鼠族的祖先在野外生活時，會在夜晚覓食，而太陽升起後才會回到窩裡睡覺。我們倉鼠也受到了祖先影響，所以在晚上精神會特別活躍。

對於「鼠族的野外生活」有興趣的鼠，可以參閱P164喔！

鼠奴小叮嚀 你會趁鼠鼠睡覺時替牠打掃嗎？其實不管多麼小心，嗅覺與聽覺靈敏的牠一樣會被吵醒。假如不能安穩睡覺，牠的壓力會越來越大，所以請盡量配合鼠鼠的作息的時間。

Column

倉鼠的1天

和主人完全相反的日常。
我們來看看倉鼠基本的1天生活吧。

下午 剛過18:00，我們會睜開眼睛，因為活動筋骨的時間到囉。這時主人也會配合我們的起床時間，幫我們補充新的食物、打掃房子等等的喔。

夜間 這段時間主人不省人事，但我們的精神卻非常好！吃吃東西、在滾輪上盡情奔跑，一直到太陽快出來，就準備換我們睡覺了。

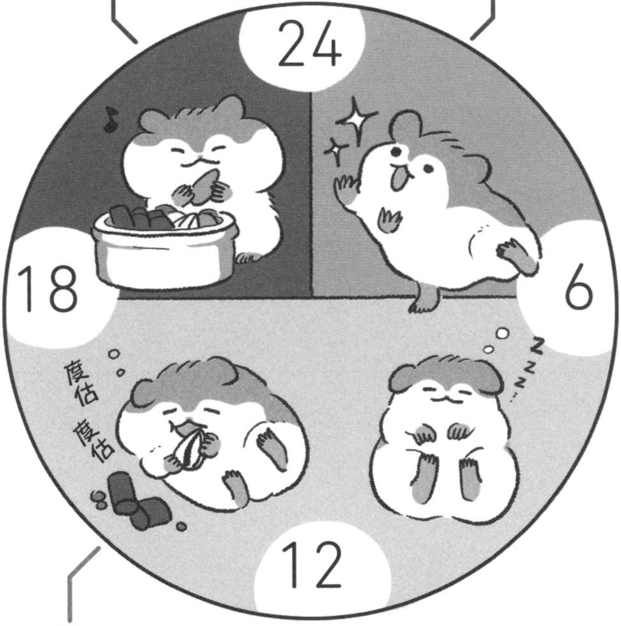

白天 在太陽出來的大白天，我們幾乎都在睡覺。不過也不是一直睡，有時還是會起來吃個東西、上個廁所，稍微活動一下。

我們會不會睡太久了？

#生活　#睡眠時間

平均一天睡14個半小時

覺得一直睡覺很懶惰？不要誤解自己了，其實睡眠也是我們為了活下去的必要生理機制。

長時間活動不但消耗體力，也會讓肚子變餓，而太餓就會把存糧拿出來吃。食物是很珍貴的，必須盡可能節省……所以，保留體力與精力相當重要。這時除了必要活動時間以外，最重要的就是睡眠。連我們的天敵：貓咪，也是跟我們一樣用睡眠來節省體力。

鼠奴小叮嚀　鼠鼠的睡眠週期相當短。黃金鼠一次睡眠週期約為11分半，包括從淺眠進入熟睡，再睡到醒來。睡一個週期醒來之後，會再進入下一個週期，一天可循環高達75次，相當於睡了14個半小時。

沐浴砂好棒棒！

#生活 #沐浴砂

全身鑽進沐浴砂，用力亂踢♪

你也喜歡沐浴砂嗎？我最喜歡沐浴砂了。我們鼠族有用沙子的習性，在沙中將身體上的皮脂、害蟲之類的髒東西弄掉，跟人類洗澡是一樣的概念。

我的主人知道鼠族的習慣，所以在我的籠子裡放沐浴砂……但我真的太不應該了！有時候還是忍不住在廁所洗澡，其實不管是在哪裡，只要能讓我盡情洗澡就是好地方！

鼠奴小叮嚀 請飼主幫鼠鼠準備廁用或沐浴用的砂，兩者皆可在寵物店買到，廁用的砂也可以拿來沐浴喔！不過要注意，絕對別用路上或公園裡的沙，這樣太不衛生了。

兩隻鼠可以同居嗎？

#生活　#鼠友同居

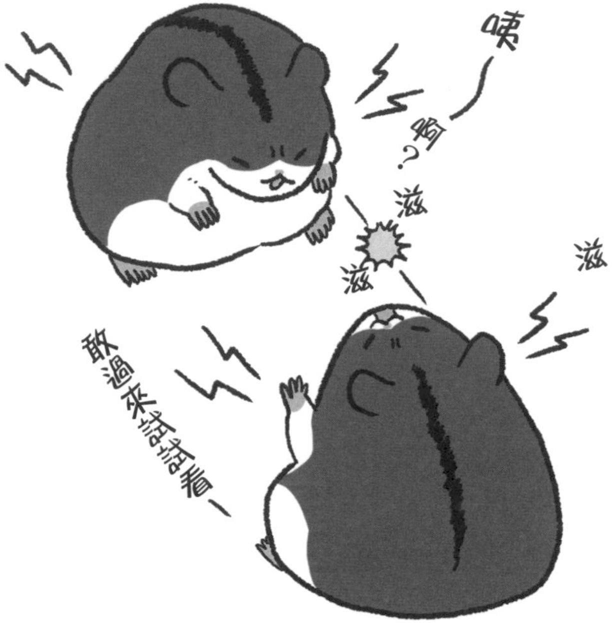

因為強烈的地盤意識，所以很難同居

當你還是鼠嬰兒時，是不是都跟媽咪還有兄弟姊妹一起生活呢？不過自從有了地盤意識之後，就被迫變成孤獨一隻鼠了，怎麼會這樣？

想像一下，如果有別隻鼠來到你的地盤（＝籠子），你是不是會覺得他是來搶地盤的，一不小心就為了地盤而開打。

為了避免可能的傷害，一隻鼠生活還是比較好的！

鼠奴小叮嚀　倉鼠只能在還沒有地盤意識之前，跟兄弟姊妹一起生活。如果想在同個籠子裡養多隻飼養，建議選擇老公公鼠，牠們生性膽小，多隻聚在一起會比較有安全感。

其他動物好恐怖……

#生活 #與天敵同居

最好分開生活

人類也會飼養狗、貓、貓頭鷹等野生鼠類的天敵。

他們雖然是被當寵物飼養，但就天性而言，仍然有可能會襲擊我們！所以如果天敵（可能成為我們敵人的動物）在附近的話，容易讓我們緊張，然後本能地保持警戒。長時間在警戒狀態下，會累壞的……

這時請叫你的主人把你移到別的房間，或用其他較安全的方式，大家才能安心生活喔。

鼠奴小叮嚀 不建議把鼠鼠與牠的天敵飼養在同個地方。如果無法避免，也請務必要飼養在不同房間。有些動物很聰明，可能會自己打開倉鼠的籠子。

偷偷把食物藏在這裡好嗎？

#生活　#藏食物

存糧夠的話，不管何時都有東西吃♪

整理環境是我們的拿手強項。絕對不行把糧食亂放，我們只要決定好地方，就會把食物一直保存在那裡。急著想吃東西時，就不怕找不到了，很棒對吧！

野外的鼠也會打造出用途不同的房間，例如存糧用、上廁所用等等。至於一般倉鼠，我知道很多鼠友都喜歡將食物存放在籠子角落，或是自己的窩裡面。

鼠奴小叮嚀 喜歡存食物是鼠鼠的天性，飼主不需要擔心。唯一要注意的，是牠的存糧是否放到壞掉了。有些鼠鼠會習慣性不斷存糧，卻沒有吃。夏天時食物特別容易壞掉，飼主也要特別注意。

食欲之秋！

#生活 #食欲滿滿

為了即將來臨的冬天作準備

跟日本所說的「食欲之秋」道理一樣，我們鼠族一到秋天，肚子特別容易餓，會比平常都吃的更多。

其實這是為了過冬的「糧食對策」。對野生的鼠來說，冬天能找到的食物非常少，而且會等著進入冬眠。所以受本能驅使，我們在秋天會盡量進食。當氣溫漸漸變低，倉鼠們準備冬眠的開關就會開啟，在秋天大吃特吃。你想吃的話就多吃一點！

鼠奴小叮嚀 在炎熱的夏天，有些鼠鼠可能會沒有食欲，所以到了秋天會吃更多。但飼主也能改變牠的生活環境。為了不讓牠在夏天沒食欲，或者為了冬天而焦慮，可以將環境保持在一定溫度。

我是草食動物？

#生活　#食性

我們是雜食性動物

先簡單看一下我們平常吃的東西。含有綜合營養成分的乾飼料、葵花子等種子類、燕麥等穀類、高麗菜等蔬菜類——乍看之下都是草食性食物。

但我們其實是雜食性動物！住在野外的野生倉鼠不只會吃植物，偶爾也會吃甲蟲的幼蟲。當你在房間巡邏，剛好看到蟲蟲然後吃掉的話，絕對會嚇主人一大跳。

鼠奴小叮嚀 知道倉鼠是雜食性動物的人可能不多，但飼主也不用因此勉強鼠鼠吃蟲（如麵包蟲），反而要注意牠出籠散步時是否亂吃蟲，因為可能會有細菌，還可能拉肚子。

Column

危險的食物

雖然我們是雜食性的，但也不是什麼都OK喔。若是亂吃，不小心吃到了我們不能吃的食物，還可能引起中毒等危及性命的症狀。以下列出一部份我們不能吃的食物，請你的主人清楚了解，並在餵食的時候提供安全的食物。

花草

黃金葛
鬱金香
橡膠樹
牽牛花

蔬菜・水果

洋蔥
酪梨
番茄
櫻桃
馬鈴薯
柿子

人類的食物

餅乾
咖啡
白飯
巧克力
酒
牛奶

嗯嗯～我們也有不能食用的植物。我的主人會在房間擺放觀賞用的植物。我每次巡邏時都會心想：「這個東西是可以吃的嗎……我吃了會不會中毒啊？」不小心吃進嘴裡就不好了！真是好可怕，希望主人可以收拾一下……

不想吃飯……

#生活　#食欲不振

太挑剔嗎？還是身體不舒服？

你竟然對眼前的食物不為所動，真是不尋常，我知道有兩個可能的原因！

第一，你現在只喜歡挑自己愛吃的食物吃。上次的水果乾讓你念念不忘，所以想絕食抗議嗎？主人才沒你想的這麼好說話，勸你敢快放棄，乖乖吃正餐。

第二，你可能是身體不適。連自己最喜歡的食物都不想吃，這是很嚴重的問題，應該快讓主人知道。

鼠奴小叮嚀 鼠鼠並不會排斥一樣的三餐。偶爾耍任性那倒還好，但如果是身體不舒服就不好了。就算盤子裡的食物有減少，也可能是被移到存糧的地方。主人也要記得確認存糧的狀況！

門被我打開了耶

#生活　#開門

我們的手很能幹

我們鼠族的手有4隻指頭，非常靈活。打開籠子的門對我們來說根本小菜一疊！有些鼠友還能把手伸出金屬網的縫隙間，然後拉開拴住門的鉤子。

除了手指，我們還有萬能的門牙。如果籠子的門是拉門式的設計，我們也可以用門牙勾住隙縫拉開門。主人千萬不要看我們身體小小的，就低估我們的實力喔～

鼠奴小叮嚀 不只打開門，有些鼠鼠甚至可以從金屬網的間隙跑出去。看起來肥肥的，卻意外能通過狹窄的地方。飼主在選擇籠子時，記得要特別考量到鼠鼠的體型。

搬家讓我有點憂鬱

#生活　#搬家

男生比較難適應環境變化～

哎呀，都已經搬家五天了，你還沒習慣、一直坐立難安嗎？我們倉鼠不好適應環境的變化，男生尤其比女生更辛苦。

男生有強烈地盤意識，對熟悉的地方都會認為「這裡是我的地盤」，無時無刻都想找人打架，相當囂張。可是一到陌生環境，就變成「我在哪……該不會闖進別人的地盤，不要打我！」變得很神經質。

鼠奴小叮嚀

「明明在寵物店還很有活力，怎麼一來家裡就無精打采？」這是因為鼠鼠還沒適應，這時除了等牠慢慢習慣，沒有其他更好的辦法。想知道如何照顧新來的鼠鼠，請參閱P103。

耳朵保養時間

#生活　#抓耳朵

用腳抓抓你的耳朵

如果想照顧自己的耳朵，可以用你的腳腳。我們鼠族身體柔軟，所以用後腳抓耳朵對我們來說輕而易舉。你可以試著用腳來清除耳垢，為自己做一次耳朵保養吧！

就是這樣沒錯！保養耳朵之前，別忘了先將腳舔乾淨。如果指甲太長的話有可能會抓傷耳朵。但不用擔心，我們鼠族的指甲會自然變到適中的長度（請參閱P114）。

鼠奴小叮嚀 倉鼠的身體很柔軟，可以輕鬆用腳抓耳朵。雖然抓耳朵是自我保養的一部份，但如果太常抓耳朵，則很有可能是得了外耳炎或內耳炎等疾病，必須多加注意。

我想在這邊尿尿！

#生活　#廁所的地點

你想尿的地方，就是你的廁所

野外生活的倉鼠，會自己挖掘、打造各式用途的房間，像是睡覺用的「臥室」、存放糧食的「倉庫」，以及「廁所」等等。

而像我們這種寵物倉鼠，雖然會有主人幫我們準備鼠用廁所，但你也不是非得要用。只有你喜歡的地方，才是專屬廁所！我們很愛乾淨，找的廁所幾乎都會遠離自己的窩、裝食物的盤子。但也有例外，有些鼠友不會找特定地方來來尿尿。

鼠奴小叮嚀　如果鼠鼠不使用你為牠準備的廁所，而是在某個特定的地方尿尿，那你可以將廁所移那裡，或許牠的意願會高很多。放一些牠尿過的墊材到廁所，也能讓牠意識到位置。

一定要在廁所便便嗎？

#生活　#廁所的地點

你想在哪裡便便都OK

雖然很多鼠友都在特定地點尿尿，但便便這件事就比較隨性了。

你看看我們的大便就知道，不只乾乾的，而且也沒有臭味。就算大便在睡覺的窩，也不會像尿一樣整片弄髒，所以我們也就比較不在意便便的地方。野生倉鼠也是一樣，雖然會特別打造尿尿專屬房間，卻沒有便便專用的哦。

鼠奴小叮嚀 談到糞便，那就必須討論拉肚子的問題。如果鼠鼠的糞便水水的，或濕濕的糞便沾到尾巴上，那可能是拉肚子了。拉肚子會引起脫水等症狀，可能還會因此送命，一定要盡快送醫。

生寶寶最好的時間是？

#生活　#生產時間

入春、入秋時期最好

雖然我們鼠族一整年都能繁殖，但生產是關乎鼠命的大事，所以建議選在最不會給身體負擔的時期。

入春或入秋的兩個時期最好。由於氣候漸漸變得舒適，如果是野外環境，春季花草萌生，秋季則樹木結果，都很容易找到食物。從懷孕期間（黃金鼠約為15天；三線鼠等侏儒鼠則約17天）一直到生產過後，想安心生活選在這時就對了。

鼠奴小叮嚀 鼠鼠在生產前會變得很神經質，請主人要營造出能讓牠安心的環境，並且在不干擾牠的最低限度內換水與飼料。這時只要耐心等待，不用協助生產及帶鼠寶寶。

Column

生產前的CHECK LIST

你有考慮生一隻小鼠寶寶嗎？我們來看看生產之前，有哪些條件需要確認吧！

□ 能夠成為鼠家長的年紀是？

黃金鼠兩個月大、侏儒鼠兩個半月大時，基本上就有繁殖能力了。不過，如果是年紀超過一年半的老年鼠，生產的風險會比較高，要請主人避免！

□ 身體健康嗎？

生產是非常消耗體力事，身體健康絕對是最重要的事！過胖(請參閱P159)、過瘦都是不OK的。

□ 準備好足夠的存糧了嗎？

在鼠媽媽懷孕期間，最好多攝取富含蛋白質的食物，如小魚乾或起司等。為了養好生產的精力，高卡洛里的食物很重要。不過請放心，主人會幫妳準備好的。

□ 環境整理好了嗎？

鼠媽媽一次生產，會生出最多10隻鼠寶寶(請參閱P169)，而且生產完後會在窩裡照顧他們，需要一個較大的窩與充足的木屑。照顧鼠寶寶時，可以請主人用布蓋住籠子，以減輕多餘的壓力。雖然主人也會幫妳準備好環境，但妳還是要事先熟悉一下會比較好喔！

右邊那頁有介紹最棒的生產時間，不過那只限於四季分明的地區。有些地方一整年溫度穩定、環境變化也少(像是有做好溫度管理的籠子裡❤)，那就不用特別在意生產的時間囉。

鼠媽產後變虎媽！

#生活　#焦躁的鼠媽

這是為了保護鼠寶寶

鼠媽媽照顧的鼠寶寶將近10隻，想必非常勞累，變得神經質算是情有可原。

雖然這麼說，但旁人也無能為力。只要不小心摸到鼠寶寶，由於味道變得不一樣，會讓鼠媽媽無法分辨是不是自己的孩子。希望主人給食物與清理環境時，採取最低限度的方式，以不驚擾我們為主。鼠寶寶大約會在三週之後離乳，相信妳可以突破難關的。

鼠奴小叮嚀 飼主在鼠寶寶還沒離乳前，絕對不要觸摸鼠寶寶。鼠媽媽會因為聞到不同的味道，而不小心咬死寶寶。不用每天都清理環境，只要做最低限度的掃除就可以了。

狹窄的地方好棒棒❤

#生活　#偏愛狹窄的地方

我最喜歡暗暗小小的地方了！

試著想像一個地方，「光線幾乎照不進來，而且剛好只夠把你自己塞進去……」哇，光是想像就感覺好安心！其實無論是何種倉鼠，都很愛狹窄的地方。

我們鼠族的祖先，在野外的生活就是挖掘地面做自己的窩。而地下的鼠窩中，光線微弱、空間也特別小。我們受到祖先的影響，現在只要待在小又暗的地方，也會覺得特別安心、自在。

鼠奴小叮嚀　雖說鼠鼠很愛狹窄的地方，但也請飼主不要準備過小的鼠窩。如果鼠窩稍大，牠們還能自己把墊材帶進窩裡，填滿多餘的空間，調整出自己最舒適、窄度剛好的大小。

待在角落讓我很安心

#生活　#偏愛角落

背後不會有敵人，高枕無憂！

我問過不少鼠友：「籠子裡最讓你安心的地方是哪裡？」最多鼠回答「籠子的角落」，其實我自己也最喜歡籠子的角落了！

我們鼠族會不斷被「安全？危險？」的想法影響情緒。籠子靠牆的地方，或是更安全的角落，只要在這些地方把身體靠近籠子，敵人就無法從左右、後方來襲。由於「敵人無法過來＝安全」，我們就可以特別放鬆。只要保持一面的警戒，真是開心。

鼠奴小叮嚀　有些飼主會趁鼠鼠背對籠子時，輕觸牠的背，但這樣可能會留下可怕的陰影。鼠鼠就是因為覺得背後安全才待在角落……所以請別這樣做，否則可能會讓牠對角落產生戒心。

最喜歡鑽過管子了♪

#生活 #偏好管子

我們以前就在地底鑽隧道生活

有不少主人會選擇管子給我們當玩具。有些鼠友一開始會對管子有戒心，但天底下沒有鼠會討厭管子的！

前面介紹過好幾次，我們倉鼠喜歡狹窄的地方，管子也是其中之一。野生倉鼠會挖掘地面，在地底打造自己的巢穴及通道，藉由通道在地底移動。受喜愛通道的習性驅使，我們只要看見筒狀的東西，就會不假思索地鑽進去。

鼠奴小叮嚀 其實不用特別到寵物店買特製的管子玩具，像是衛生紙中間的空心滾筒就行了。只要一個就很夠玩，也可以多個串成長長的管子。有機會的話一定要弄給鼠鼠玩玩看♪

我今天要睡這裡

＃生活　＃睡覺的地點

在最舒服的地方睡大頭覺

雖然主人會在籠子裡準備鼠窩給我們，但不代表你一定要睡在那裡睡覺。

像鼠學老師我，喜歡看自己當天的心情來選擇要睡覺的地方，可能會睡在滾輪上，也可能鑽進木屑裡，有時還會睡在主人我準備的廁所呢！在廁所的砂裡（請參閱P77）洗澡，讓我舒服到想睡覺，結果還真的睡著了，這種體驗真是美妙耶。

鼠奴小叮嚀　主人看見精心準備的睡窩不被鼠鼠青睞的話，難免會失落，但鼠鼠不睡在窩裡，代表牠對目前的環境十分放心！畢竟如果有戒心，也不可能大喇喇睡在窩的外頭。

要我在滾輪上跑多久都可以！

#生活 #一直跑滾輪

野生倉鼠每一晚能連續跑5公里！

野生倉鼠為了覓食，能一晚連續跑3～8公里而不間斷。雖然我們倉鼠的生活環境與野生倉鼠不同，體能與精力卻跟他們不相上下。但受限於籠子的空間，我們無法一直跑下去……

這時主人替我們準備的滾輪就幫了大忙。不管怎麼亂跑，都不會一頭撞上牆壁。你可以跑一段時間之後，就停下來看看自己「跑到哪兒了」，確認一下身處的地方吧！

鼠奴小叮嚀 知道鼠鼠每天都跑了多遠一定很有趣。在滾輪上裝計數器，用「轉圈次數×外圍長度」算出距離。如果牠平常都跑１００圈左右，有天突然跑到１０００圈時，不妨猜猜牠究竟是想去哪裡呢？

以○或×回答以下的問題

鼠學隨堂考 －前篇－

各位鼠友究竟學到多少倉鼠知識？

先來複習第1章～第3章。

第 1 題	我們生氣時會發出**「吱吱」聲**。	[　　]	→ 答案・解說 P.17
第 2 題	想跟對方成為好鼠友的話，就**大力咬**他。	[　　]	→ 答案・解說 P.27
第 3 題	耳朵蓋起來，表示正在保持**警戒**。	[　　]	→ 答案・解說 P.51
第 4 題	理毛之前應該好好**清理**自己的手。	[　　]	→ 答案・解說 P.61
第 5 題	我們是**草食**性。	[　　]	→ 答案・解說 P.82
第 6 題	感到壓力時，我們會**理毛**讓自己冷靜。	[　　]	→ 答案・解說 P.34
第 7 題	相親時，要讓**男方**進到女方的籠子。	[　　]	→ 答案・解說 P.24
第 8 題	一天之中，倉鼠在**白天**最有活力。	[　　]	→ 答案・解說 P.74

第 9 題 有同伴擋住去路時，可以**踩**著他的身體通過。 [　　　　]
→ 答案・解說 P.73

第10題 生氣的話，耳朵會**向後**折。 [　　　　]
→ 答案・解說 P.36

第11題 死命逃跑時，我們會把**食物**從囊袋吐出來。 [　　　　]
→ 答案・解說 P.44

第12題 老公公鼠就算是成鼠，也能跟**大家一起生活**。 [　　　　]
→ 答案・解說 P.78

第13題 **鼻子碰鼻子**是好鼠友間的打招呼方式。 [　　　　]
→ 答案・解說 P.70

第14題 我們不太會**眨眼**。 [　　　　]
→ 答案・解說 P.55

第15題 我們只會在**廁所**大便。 [　　　　]
→ 答案・解說 P.89

答對11～15題(表現得非常好)

你是鼠學達人！保持這股氣勢，後篇也要拿高分喔！

答對6～10題(不錯唷)

基礎知識都有記住，再複習一遍吧！

答對0～5題(好好加油吧)

……你真的是倉鼠嗎？重新努力學習！

萌鼠劇場

這裡是廁所嗎？

放心睡覺去

第4章

倉鼠與人

你的倉鼠生活目前過得如何？
熟讀這一章，或許能讓你更了解主人。

感覺到主人的視線

#鼠與人　#搬家第一天

我的主人好不貼心！

搬家之後跟主人開始一起生活，待在新環境的第一天讓你渾身不對勁嗎？那個對你興趣滿滿的主人，竟然在籠子旁邊盯著看，讓你十分困擾。不過，其實主人並沒有惡意！他為了確認你是否健康、需要的東西是否足夠，所以才這樣仔細檢查。如果你還是很在意主人的目光，可以躲到鼠窩裡沒關係的。

鼠奴小叮嚀　鼠鼠來到家裡第一天，由於籠子內外跟以往完全不同，牠一定會非常緊張。最重要的，是先讓牠慢慢習慣環境，這段時間內請不要過份干擾。

Column

搬家後的第一週

搬家這件事真是令本鼠緊張。如果你有搬家的打算，可以來聽聽我的搬家經驗談。

第 1 天

搬家第一天果然超緊張！主人為了讓我放鬆一點，特別準備了我在寵物店使用的食物和木屑。而且，我的主人還很會察言觀色，完全不會一直盯著我觀察，或是作勢要摸我，讓我安心許多。

第 2 天

主人幫我換了水跟食物，也幫我清理籠子，此外沒有其他的動作。不過他有稍微觀察我是否有乖乖吃飯。

第 3 ～ 4 天

我開始慢慢習慣環境了。主人會用手指捏著食物從籠子的間隙靠近，而我會用手接走他給的食物，這是我們第一次近距離接觸。雖然第三天我還有戒心所以失敗了，不過第四天他手靠過來時，我就開開心心把食物拿走了。

第 5 ～ 6 天

第一次的近距離接觸成功之後，接著就是直接接觸！這時主人會把食物放在手掌中間，然後伸進籠子裡，而我會拿起他手掌心的食物慢慢吃，真好吃♥

第 7 天

我已經完全不會緊張了！這裡是我的地盤!!

把窩推到自己喜歡的地方！

#鼠與人　#籠內擺設

依照自己的喜好擺設！

我的主人超沒品味！居然把鼠窩放在籠子正中央，我完全無法理解……雖然籠子裡都是我的地盤，但安心度還是有差。最讓我放鬆的地方就是角落。如果可以自己推動鼠窩，那就自己推過去吧。但太重的話，就盡量讓主人看見你在推，有些比較細心的主人發現之後會幫你把鼠窩移過去。

鼠奴小叮嚀 選購鼠窩時，要注意材質可以讓鼠鼠安全啃咬，大小則要能夠讓鼠鼠自由搬入墊材調整溫度，並且舒服休息。擺設則建議簡約，讓鼠鼠能不受拘束最為理想。

有種味道好難聞～

#鼠與人 #香味

味道不一樣，但他就是你的主人沒錯

你大概是第一次聞到這種味道吧？但他可不是陌生人，而是你的主人喔。我們鼠族會以氣味來記得、分辨對方（請參閱P71），但人類有時會擦「香水」讓自己的味道不一樣，他們覺得香水這種東西，噴一噴就能有很棒的味道，但同樣的味道只會讓我們的鼻子不舒服。而且不同的氣味，會讓我們無法分辨是不是主人……，除了香水，精油或香菸的味道也很討厭。

鼠奴小叮嚀 除了別讓鼠鼠沾上奇怪的氣味，也要注意別把氣味消除！不少飼主清理時會用除臭噴霧，這個舉動在鼠鼠心中是很可惡的。如果氣味消失了，牠就無法找到自己的家。

喂，現在是巡邏時間！

#鼠與人　#巡邏

巡邏時走固定路線

你要開始巡邏了嗎？確認一下籠子外的地盤安不安全。只要按照之前爬過的路線，照著走就對了。因為沒去過的路線，說不定藏著可怕危險。

咦？怎麼會有上次沒看過的障礙物？原來主人改了房間的擺設。這樣隨便亂搞你的地盤真是不可取，原本可以好好巡邏的地盤，現在全都變成陌生環境，要提高戒心了。

鼠奴小叮嚀

飼主一旦將鼠鼠放出籠子，讓牠在籠子外散步過，就應該要讓牠每天都外出散步。鼠鼠會把去過的地方視為自己的地盤，如果不讓牠完成巡邏使命，久而久之就會累積壓力。

Column

巡邏中的危險 TOP 3

雖然是在自己很熟悉的地盤上巡邏，但仍然可能發生意外。以下是巡邏時可能會發生的危險，鼠友票選出的前3名，有準備有保障！

第 1 名　誤食

吃到主人不小心掉在地板上的食物。有些食物對倉鼠有毒性（請參閱P83），「將有毒的東西放進囊袋」就是巡邏意外的第1名。如果不小心吃進去，可能會出現呼吸困難、痙攣等中毒症狀，非常危險。

第 2 名　骨折

在桌子上遊走時，常常發生不小心踩空，直接從桌子落下的意外。我們倉鼠的視力很差（請參閱P135），看不見桌子的邊緣。我常常聽說有鼠友因為墜落而腳骨折。

第 3 名　觸電

大部分的主人會把電線包好，並用膠帶黏在我們去不到的地方。但有些不幸的鼠友還是不小心咬了露在外面的電線，結果觸電燒傷⋯⋯

這些意外或許對我們倉鼠來說是不可抗力，但或許對主人來說是能避免的。我有認識一些鼠友，他們巡邏的路線、空間都被紙箱包著，完全排除意外的可能性，既安全又安心。

我的別墅在這裡！

#鼠與人　#別墅

在地盤裡
打造屬於自己的別墅

籠子是你的地盤，如果在裡面發現了其他讓你安心的地方，何不妨再建第二個窩呢？把墊材搬到那裡，埋下一些囊袋裡的食物當存糧，豪華的別墅就這樣完成了。這裡也可以當成你巡邏途中的補給站。如果想要再建第三個、第四個別墅也可以。野生倉鼠一樣會打造自己的別墅，當作主要的窩之外的存糧、休息地點。

鼠奴小叮嚀 鼠鼠出籠散步時，可能會在房間角落打造別墅。雖然這個行為本身沒有問題，但存糧壞掉的話會很不衛生。飼主打掃籠子時，也別忘了鼠鼠別墅的掃除。

好大聲，嚇得我心臟都要停了

#鼠與人　#噪音

可能會讓我們暈過去

「哈啾！」主人打了一個超大噴嚏。我們鼠族連細微的聲音都聽得一清二楚，人類根本不可能知道這對我們來說有多大聲！但「打噴嚏」是無法避免的生理反應，所以我們可以體諒啦。

可是那種常常製造噪音的人，我們就無法原諒！例如關門總是「碰！」，或是每次走路都「噠噠噠」，完全沒顧慮我們的心情。我還聽過有鼠友被巨大的聲響嚇到昏倒。

鼠奴小叮嚀 無論是吵架聲，或小孩子的喧鬧聲，都可能讓鼠鼠困擾。鼠鼠喜歡安靜的環境。希望飼主發出巨大聲音之前，可以先想想對聲音很敏感的牠們。

要大量攝取水份嗎？

#鼠與人　#飲水量

吃蔬菜就足夠了

你一定看過主人把水倒進杯子裡飲用，這是否讓你懷疑自己，是不是也該這樣大口喝水呢？其實這對倉鼠來說沒有必要。

攝取水份當然是重要的生存法則，不過在我們吃的蔬菜中，就已經含有我們身體所需的水了！我們鼠族原本就生活在乾燥環境，身體並不需要太多水份就能好好生存。

鼠奴小叮嚀　雖然鼠鼠所需的飲水量不多，但還是要記得給牠新鮮的水。請特別注意，硬水（如礦泉水）會導致鼠鼠膀胱結石。如果飲水器的水沒有變少，而食物中有足夠水份，那也不用特別擔心。

舔這個就有水喝了耶

#鼠與人 #飲水器

渴的話，就去舔舔飲水器

只要舔這個裝置就可以喝到水了，真是不可思議！這個東西叫做飲水器，主人會把它放在籠子裡，讓我們隨時想喝就可以喝。右邊那頁有提到，雖然我們用蔬菜就能補足所需水份，但如果還是很渴，就舔飲水器來喝水吧。

如果無論怎麼舔飲水器都沒有水流出來，或者有漏水的情形，那就是飲水器故障了。快叫主人換一個飲水器給你！

鼠奴小叮嚀 不建議飼主使用盤狀的容器，因為容易讓鼠鼠打翻弄濕籠子，或不小心弄濕自己。倉鼠很討厭濕濕黏黏的環境，所以飼主請務必給鼠鼠的籠子裝上瓶狀的飲水器！

一定要梳毛嗎？

#鼠與人　#梳毛

如果是長毛品種，乖乖給主人梳毛也不錯

我們最喜歡讓自己乾乾淨淨，保持美美的樣子，每天都會理毛好幾次，絕不偷懶。不過如果你是長毛種類的倉鼠，請主人幫你梳毛也不錯。讓主人使用在寵物店買的倉鼠專用梳子，仔細又溫柔地幫你梳毛吧！

萬一主人要梳你最重要的肚子，請你表達「梳我背上的毛就好啦！」拒絕他。如果他還不聽勸，在必要時刻就咬下去。

鼠奴小叮嚀　短毛倉鼠很難整理到自己背上的毛，飼主可以用梳子幫牠梳毛。選擇專為小寵物設計的梳子，或是嬰兒用的軟毛牙刷。如果鼠鼠會抗拒，也不要特別強迫牠。

Column

讓身體變乾淨的方法

日常的身體清潔，理毛與沐浴砂就已經很夠用了。但有時也有可能發生自己無法處理的髒污。

這時就要派主人出場了！請主人用溫水浸泡毛巾，擰乾之後幫我們擦拭弄髒的部分即可。如果全身都弄得髒兮兮的，就請主人溫柔地用毛巾包住我們的身體擦乾淨。

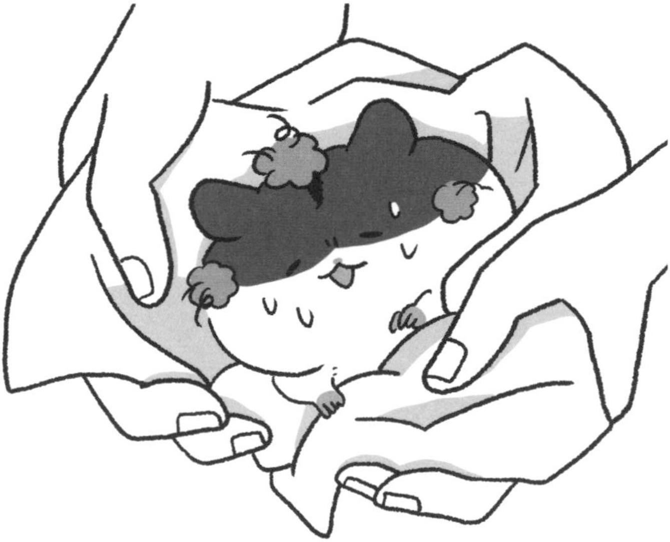

我把身體弄得最髒的一次，是從籠子裡逃出來的時候。我到房間各個角落去探險，鑽來鑽去結果身體都披了一層灰塵……。因為真的玩到太髒了，主人就用溫溫的毛巾幫我把身體擦乾淨。

剪指甲也是一件大事

#鼠與人　#剪指甲

指甲在日常生活中會自動變短

你的主人平常會不會幫你剪指甲、磨指甲，來幫你維持指甲長度呢？

其實我們鼠族不會特地把指甲弄短。如果是野外生活，在地面爬行、抓堅硬的食物、挖掘地面做窩等行為，就可以讓我們的指甲自然維持在固定長度。但寵物倉鼠與野生的不一樣，就算想挖掘地面磨指甲，也會因為墊材太軟而沒有效果，所以你要乖乖讓主人幫你剪指甲！

鼠奴小叮嚀　如果鼠鼠的指甲明顯向內彎，就代表過長，容易不小心勾到東西，造成不必要的危險。飼主可以使用小動物專用指甲剪，離血管一小段距離開始剪，如果有困難，也可以請獸醫協助。

我是不是門牙太長了？

#鼠與人 #剪門牙

請主人幫你剪牙

哇，你的門牙真的太長了！你看，向內彎的弧度非常明顯，這表示門牙確實過長。

正如P58的說明，我們鼠族的門牙會因為吃堅硬的食物，而自然維持得剛剛好。但寵物倉鼠因為吃的食物比野生倉鼠的更營養，因此所需食量大幅減少，門牙磨耗的機會也因此變少。

門牙如果太長，吃東西也會被阻礙。乖乖讓主人用指甲剪幫你剪門牙吧！

鼠奴小叮嚀 飼主可以用專用指甲剪替鼠鼠剪牙，將門牙前端有弧度的部分剪掉。為了不讓牠亂動，也可以戴上麻布手套將牠固定，用最快的速度修剪。如果沒把握，還是請獸醫協助比較好。

主人的手好可怕

#鼠與人 #親密接觸

如果不喜歡，就不要勉強自己

主人幫我們打掃籠子、或補充食物時，常常會把手伸進來跟我們接觸，有些鼠友還會跑到主人的手上玩耍。有很多鼠友就是從「拿主人手上的食物」開始，漸漸習慣跟主人的手互動。

不過老公公鼠由於天性膽小，基本上都會害怕主人的手……但主人應該能懂這些苦衷，所以你不用勉強自己一定要有互動。如果看到手伸進籠子裡，還是可以先躲回鼠窩！

鼠奴小叮嚀 把鼠鼠放在手上時，絕對不要移開視線，避免牠從指縫間掉落，或者爬上手腕。另外，鼠鼠如果在手上漏尿，表示相當緊張（請參閱P33），請不要責備牠喔。

不要從上面抓我！

#鼠與人 #親密接觸

敵人來襲!? ……不對，原來是主人

上面那個大大的黑影，一直偷偷摸摸地靠近，該不會是敵人要來抓我了……結果沒想到是主人。只要是從上方、或從背後慢慢靠近的東西，我們都會以為是敵人，所以緊張到不行。

有些主人根本無法理解我們有多害怕，還以為這樣會讓我們比較安心。其實這樣胡亂抓，在我們心裡就等同於敵人了。你可以咬他，用攻擊來表達你的不滿。

鼠奴小叮嚀 從上方或背後慢慢靠近將鼠鼠抓起來，其實類似倉鼠天敵——貓頭鷹的獵捕。所以互動時，請伸出手正面接觸，鼠鼠靠近就表示接受了。另外，抓脖子後側時（請參閱P72）也記得先從正面接觸。

請不要摸我那邊！

#鼠與人 #親密接觸

除了後背和額頭，其他地方都不想被觸摸

主人把你當成寶貝，所以最愛摸你了。但有時太超過，開始亂摸你其他地方……。其實我們只想被摸額頭跟後背，這兩個地方被輕摸會很舒服，但其他地方不喜歡。像尾巴就很敏感，被拉扯到會非常痛，而四肢即使輕輕拉也可能會受傷，至於負責接收各種訊息的耳朵更不用說了。

如果主人還摸你最重要的肚子，那就發出「嘰—嘰—」聲來威嚇他吧！

鼠奴小叮嚀 絕對別用手指拎著鼠鼠的腳、尾巴，或是任何一個部位，以避免脫臼、骨折。另外，就算鼠鼠已經習慣與飼主互動，但過久的親密接觸也會讓牠累積壓力。

是敵人!? 大口咬下去！

#鼠與人　#咬

必要時刻的「正當防衛」

如果遇到敵人，與其正面迎擊，我們倉鼠為了生存下去寧願選擇逃跑。啃咬敵人是我們的下下策。

哎呀！有一隻手出現在你面前，而且氣味很奇怪，這有可能是其他動物的味道，總之這絕對不是讓我們安心的主人。它很有可能會慢慢接近你，把怕到不行的你抓起來——看來你已經別無選擇了，快點用牙齒來攻擊它！

鼠奴小叮嚀　如果鼠鼠明明已經習慣跟你的手互動，卻還是咬你，有可能是氣味或聲音與以往不同。為了不讓牠緊張，飼主最好都以同樣的狀態互動。但如果鼠鼠輕輕咬你，表示想撒嬌喔。

我常常聽見這個聲音

#鼠與人　#名字

那可能是你的名字

主人餵你食物、或跟你玩的時候，是不是常常發出一種固定的聲音？那或許就是你的名字。

把自己的名字記起來，很多好事就會隨之而來！我有個鼠友叫做「太郎」，只要聽見主人叫他「太郎」就會有好事。聽到「太郎」之後，主人會送來新的食物，或者幫你清理籠子。記得自己名字的話，就能輕鬆知道主人的下一步！

鼠奴小叮嚀　鼠鼠會透過音調記憶主人說的話，因此音高、語氣不同就無法分辨。如果一邊叫鼠鼠的名字，一邊給牠好吃的零食。牠會漸漸發現「這個聲音代表好事」，於是對自己的名字有反應。

Column

記住名字的訣竅

在主人照顧你時，請注意他的聲音。「鼠之助，吃飯了喔！」「鼠之助，我要幫你掃除囉！」「鼠之助，你想散步嗎？」，在這些話裡，你有沒有發現有一個音調一直重複呢？那就是你的名字，請好好記下來。如果被主人呼喚了，給出一點回應他會很欣慰的。

我的主人是一對夫婦，男性與女性的音高不一樣。女生的聲音比較高，聽得比較清楚，所以我也只記得女主人叫我名字的聲音。男主人常常嘆氣：「為什麼我叫牠都不理我？」其實他可以學女生的音調，把聲音拉高，這樣我就聽得懂了！

可以當一隻「看家鼠」嗎？

#鼠與人　#顧家

只要水、食物足夠就可以♪

主人出門去工作，結果讓你自己顧兩天家嗎？他想給你更好的生活，所以辛苦賺錢養家，你不妨溫柔目送他出門吧。

其實我們只要有滿滿的水、食物就萬事OK！主人為了不讓你餓肚子，已經幫你裝滿滿5天份的食物，還有兩瓶滿滿的水了。這樣就完全沒問題了！你只要跟平常一樣生活，主人一定會在食物壞掉之前趕回家的。

鼠奴小叮嚀　讓鼠鼠自己顧家時，可以準備乾飼料等不易壞掉的食物。除了食物以外，環境溫度、濕度也別忘了，尤其冬天、夏天時，盡量維持室內溫度在20～26度，濕度則應介於40～60%。

墊材……卡進嘴巴裡

#鼠與人　#不好的墊材

吃到衛生紙了？

想把收集好的墊材從囊袋中吐出來，結果一直沒辦法……怎麼會這樣？看來，你應該是吃到衛生紙了。把衛生紙當作材料放進嘴裡的話，會被唾液弄濕，結果黏在你的囊袋裡面！

除了衛生紙，還有棉花之類蓬鬆柔軟的墊材，也很容易卡進嘴巴。你是不是很希望主人在挑選墊材時，多幫你注意一下呢？

鼠奴小叮嚀 棉的材質容易纏住腳，鼠鼠可能會因此受傷，或不小心吃下去堵塞在胃中。建議購買倉鼠專用墊材。冬天時，可以在鼠窩、鼠籠內多放入一些墊材讓牠保暖。

家裡沒有我的味道了

#鼠與人　#掃除

是因為主人幫你清理環境

到鼠籠外巡邏之後，一回家卻發現自己的味道消失了？別緊張！先檢查籠子裡面，找找看自己的味道。

你有嗅到一點點自己的氣味了嗎，太好了！這裡是你的籠子沒有錯，只不過剛打掃過，墊材都是新的。不過，主人為了讓你聞到一點自己的味道，也讓你安心，還特地加入了一些舊的墊材。

鼠奴小叮嚀 沒有自己的氣味＝不是自己的地盤。鼠鼠如果聞不到自己的味道，就會以為自己在一個完全陌生的環境。這時要讓牠的建立地盤，重新習慣環境，那得花上一段時間……。

Column

鼠學老師的掃除日常

為了你的健康，不管是哪種主人，都不該在你生活環境的衛生上偷懶！像我家主人就很有一套，所以我現在就要跟鼠友們介紹我們的掃除方法。

每日的掃除

主人會幫我清理弄髒的鼠砂和墊材，在換新的水、食物的同時，也把裝盛的容器洗乾淨。他還會每天確認我們儲存在鼠窩裡的食物有沒有臭掉。

每月1次的大掃除

主人每月會固定幫我做1次籠子大掃除。他會先把我安置在一個地方，然後把籠子、玩具和鼠窩都清洗乾淨。墊材、鼠砂也都換成全新的，最後再加入一些我用過的讓我安心！

主人打掃籠子這件事，其實會讓我們倉鼠有壓力。所以在我們剛搬家還不習慣、或我們身體不舒服的時候，都請主人不要大掃除，只要把籠子髒髒的地方擦乾淨就好。在母鼠懷孕或產後帶小鼠時，也要避免大掃除。

濕濕悶悶的好不舒服

#鼠與人　#濕氣

梅雨季要注意濕氣

我們鼠族原本居住在乾燥的氣候沙漠地區，環境太潮濕會讓我們很不舒服。尤其是在梅雨季，整個環境濕濕黏黏的，這段時期簡直就是地獄。主人為了避免寄生蟲、細菌繁殖，都會仔細幫我們打掃環境。你也應該把不吃的食物都拿出來檢查一下，因為存糧在梅雨季節容易腐壞。咦，你說不要？真拿你沒辦法，只好請主人幫你好好整理存糧的地方了。

鼠奴小叮嚀　鼠鼠的籠子維持在50％左右的濕度最為合適。且由於籠子內外溼度不同，你可以在籠內設置溼度計方便測量。空調也很方便，加上定時器，就能輕鬆維持溫度與濕度。

救命！腳腳不小心卡進滾輪

#鼠與人 #滾輪大改造

請主人幫你改造滾輪

有些滾輪的網子間隙較大，可能會讓你不小心踩空。如果置之不理，搞不好還會讓你的腳骨折，其實相當危險。可是要請主人再買一個新的，還是會有點不好意思。

如果是這樣，你可以建議主人改造滾輪！只要將滾輪的內外都用布質膠帶貼起來就可以了。貼好之後，是不是跑起來舒服許多！

鼠奴小叮嚀 飼主不一定要再買新滾輪，可以選擇用便宜的材料進行滾輪大改造。記得不要只貼好內側，如果不把外側也貼起來，鼠鼠不小心接觸到外側就會被黏住……。

那個透明的球好可怕！

#鼠與人　#倉鼠球

倉鼠球是超可怕的玩具

主人有沒有把你放進去過一個透明的塑膠球？那是叫做「倉鼠球」的鼠用玩具，標榜能讓我們邊遊玩、邊運動。但這種廣告是真的嗎？在裡面一直跑、一直跑會讓我們摔倒，而且無法控制前行的方向，想停下來也沒辦法……。除了恐怖以外，簡直想不出別的形容詞了。這東西根本是我們鼠族的夢魘。

沒事千萬不要進去這種恐怖的玩具。

鼠奴小叮嚀 有不少飼主看著鼠鼠在倉鼠球裡瘋狂奔跑，會誤以為牠玩得很開心，以為真如廣告所說，能藉此達到運動效果。但這對鼠鼠來說非常可怕！其實只要使用滾輪，運動量就足夠了。

人類還真是悠哉～

#鼠與人 #時間的感受

我們的1天是人類的4小時

你可能會覺得人類這種生物，不但生活步調慢吞吞，甚至還有些懶散。但原因其實無關乎性格，而是關於心跳及呼吸。

我們倉鼠的心跳速率大約是人類的六倍，這表示我們正以人類的六倍速在生活。對我們來說一整天的時間，其實只是主人的4小時而已。所以不要太在意主人，用自己的步調來過生活吧。

鼠奴小叮嚀 鼠鼠並不是天生個性不耐煩，而是因為其身體構造。飼主與鼠鼠親密接觸時，也別忘了體諒牠對時間的感受度，否則就算「只有一下子」也可能造成壓力。

萌鼠劇場

主人給的禮物

我生日的時候，收到手作蛋糕♪
豆腐蛋糕
真好～
我的是零食～
零食
哇～
我的是滾輪⋯因為被我一直弄壞
真棒、
我拿到一整棟別墅⋯
⋯!!

萬惡的生物

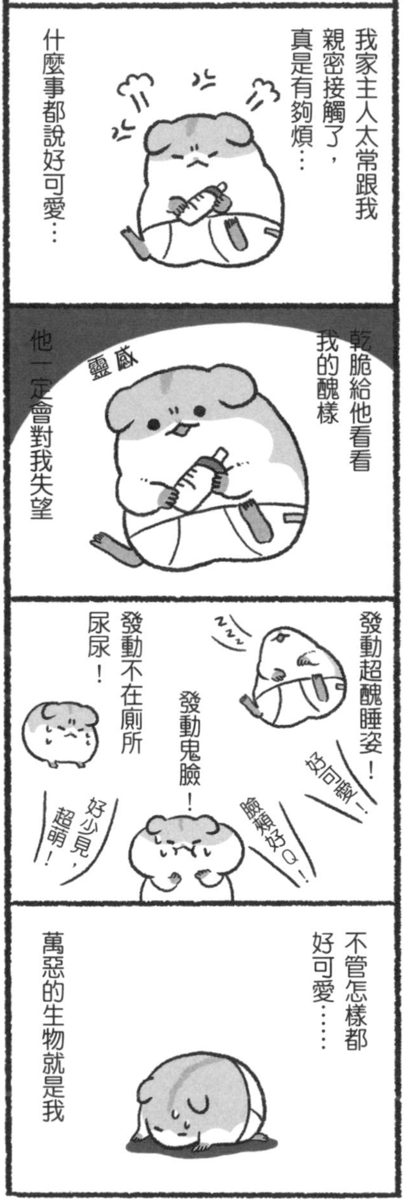
我家主人太常跟我親密接觸了，真是有夠煩⋯
什麼事都說好可愛⋯
乾脆給他看看我的醜樣
靈感
他一定會對我失望
發動超醜睡姿！
好可愛！
發動鬼臉！
臉頰好Q！
發動不在廁所尿尿！
好少見，超萌！
不管怎樣都好可愛⋯⋯
萬惡的生物就是我

第5章 倉鼠的身體祕密

你小小的身體其實有大大的能力，
不好好運用就太浪費了！

囊袋到底有多大？

#身體　#囊袋容量

黃金鼠的囊袋可以裝下約100個葵花子！

我們的囊袋根本就是異次元口袋，你是不是很好奇它的容量到底有多大？有請黃金鼠，看看他的囊袋裡究竟可以裝多少葵花子。1、2、3……99、100個！左右邊各裝了50個，加起來竟然裝下100個葵花子，真不愧是黃金鼠！

不過要注意，裝太多東西是會讓囊袋受傷，受傷的話就無法再儲存食物了。裝東西時盡量別測試囊袋的極限，只裝夠用的量就好。

鼠奴小叮嚀 飼主知道「頰囊外翻」的症狀嗎？鼠鼠的頰囊如果裝太多食物、忘記整理，或裡面受了傷都可能導致外翻。如果頰囊外翻，一定要帶牠去醫院將頰囊歸回原位。

不管轉幾圈都不會頭暈

#身體 #平衡感

多虧有強大的三半規管

跑滾輪時，我們偶爾會不小心滑一跤，然後跟著滾輪轉了好幾圈。主人看到的話，大概會以為「一定會頭暈吧」。對人類來說可能會，但對我們鼠族根本是小菜一碟。

其中的祕密，就在於我們的三半規管。就算連續轉好幾圈，三半規管也會幫助我們維持平衡。雖然有時候也會覺得暈暈的，但是2～3秒之內就會恢復正常。

鼠奴小叮嚀 飼主希望帶回家的鼠鼠身體健康、能在滾輪上整夜跑不停嗎？那得在傍晚之後到寵物店看看，因為倉鼠是夜行性動物（請參閱P74），在牠有精神的時間觀察才是最準確的。

兩隻眼睛顏色不一樣

#身體　#異色瞳

虹膜的色彩會改變眼睛的顏色

我們鼠族的眼睛顏色，從最基本的黑色、紫色到紅色都有。所謂眼睛的顏色，是肉眼透過虹膜看見底下血管的顏色。而虹膜中的色素含量會決定血管的能見度。如果色素含量是零，就會直接看到血管，也就是紅色的眼睛。

也會些鼠友一隻眼睛是深紫色，另一隻卻是紅色，這種雙眼顏色不同的罕見情況，是兩隻眼睛虹膜色素不同的緣故，又稱為「異色瞳」。

鼠奴小叮嚀　倉鼠的眼睛原本是黑色的，但正如毛色（請參閱P175），眼睛顏色的變化也是由突變引起。眼睛不是黑色的倉鼠，通常會用於配種。而毛色較淡的倉鼠，眼睛通常是紅色。

遠方一片模糊

#身體 #近視 #辨認顏色

我們都是大近視！

倉鼠全都是近視眼，看不清楚遠方的東西。只要超過20公分以外，我們幾乎就看不到了……。至於顏色的分辨程度，大概跟狗差不多。我們原本是生活在地底下，分辨顏色對我們來說並非必要。我們能夠大致分辨藍色、綠色、黃色、紅色和橘色。

由於視力很差，我們的生活基本上不太依賴視力。就算看不見，也能用嗅覺（請參閱P144）及聽覺（請參閱P145）。

鼠奴小叮嚀 掃除之後飼主可能會心想：「鼠窩與滾輪都一樣，牠應該認得出來吧？」那就太高估倉鼠的視力了！牠們在籠子一角完全看不到另一角，而且顏色辨識度也非常低，所以不會用視覺來記憶。

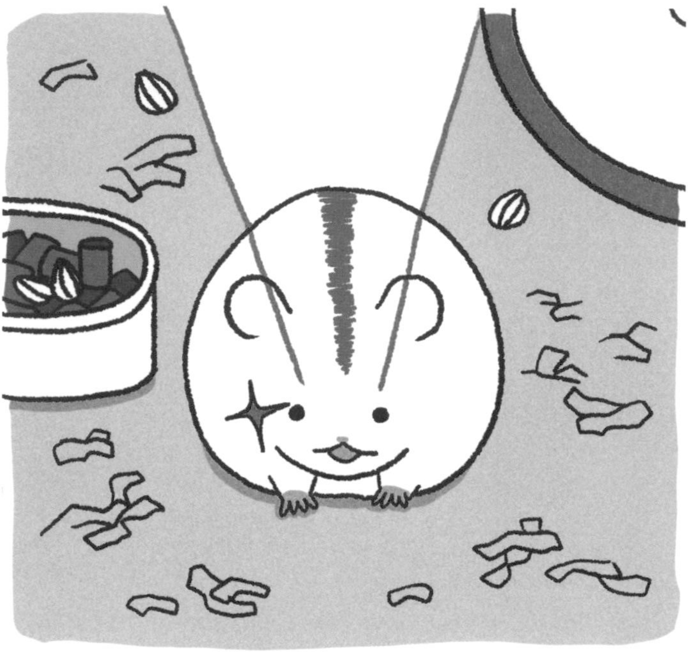

除了正後方，全都看得見

#身體 #視線範圍

我們的視野非常廣

前頁介紹了我們鼠族的壞視力，但我們的視線範圍卻很廣！首先觀察一下主人的臉，他的眼睛是在正面的位置上對吧。反觀我們的眼睛，則是在側面偏上的位置。多虧了眼睛的位置，我們不用轉動頭部，就能夠看見正前方、上下左右及斜後方。

視覺的死角只有正後方而已。如果你發現正後方有什麼動靜，馬上僵住身體不要動就對了！

（請參閱P42）

鼠奴小叮嚀 倉鼠的全視野為270～300度，雖然很廣，但雙眼重疊的區域只有60～75度，聚焦時比較辛苦。人類的全視野雖然只有170～210度，但能雙眼聚焦的區域卻有120度。

看不清楚怎麼回事？

#身體 #白內障

可能得了白內障

你說你最近連手都看不清楚，不知為何變得很模糊……轉過來讓我看一下眼睛。果然！你的眼睛呈現白色混濁狀，這種疾病是「白內障」。白內障會讓你眼睛內的水晶體變混濁，視力也跟著下降。如果病情惡化還可能導致失明。不過，我們原本就用不太到視力，就算眼睛看不見也能好好生活，這樣的鼠友其實還不少呢。

鼠奴小叮嚀 老化、糖尿病等都有可能造成白內障。這是無法完全治癒的疾病，但吃藥可以延緩病情惡化。不過飼主也不用太擔心，鼠鼠就算眼睛看不到了，一樣也能夠生活。

好熱好熱～

#身體　#調節體溫

不妨仰躺、伸展一下

說到夏天最討厭的事，果然大家異口同聲就是濕濕黏黏的感覺。野生倉鼠雖然生活在酷熱的沙漠，不過卻比日本、台灣乾燥許多，而且他們在地下的巢穴也很涼快。

為了舒服度過濕熱的夏季，就讓鼠學老師來教你最棒的散熱姿勢！先是仰躺，然後把四肢盡量伸長、伸出去，讓身體大面積接觸到空氣。接觸空氣的面積越大，越能自然讓身體散熱。

鼠奴小叮嚀 飼主可以在籠內放置一些讓鼠鼠自由使用的涼感小物，這一定是在酷熱夏季的一大福音。放在籠子角落，讓牠隨時到上面乘涼。不過房間的冷氣才是最基本的，別忘記開了！

太、太冷了吧……

#身體 #調節體溫

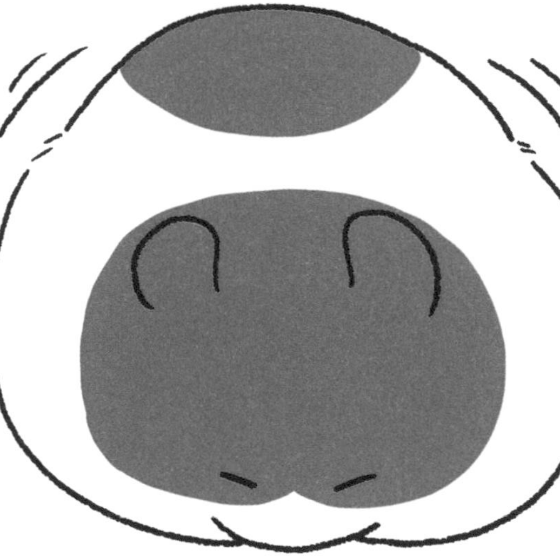

把自己卷得跟球一樣

跟上一頁介紹的散熱完全相反，寒冷時你要把身體捲起來，以防止熱能散失。這個姿勢的重點在於，將嘴巴（臉）埋到腹部附近，這樣呼出來的氣就能溫暖腹部。

墊材也是能取暖的小物，把自己埋進墊材裡，或者讓你的鼠窩塞滿墊材都很不錯。到了冬天，主人會幫你多準備一些墊材好過冬，所以盡情使用就對了！

鼠奴小叮嚀 寒冷的冬天，最怕鼠鼠不小心進入冬眠。一般狀況下，籠內墊材的高度約5公分，冬天時可以再增加1~2公分，或放置寵物鼠專用的暖爐在籠子下方，讓鼠鼠取暖。

冬眠是什麼？

#身體　#冬眠

那是度過嚴寒的方法

冬天氣溫驟降，能找到的食物也變得稀少，對野生倉鼠來說是一場殘酷的生存戰。野生倉鼠為了度過生存不易的冬天，會進行冬眠。

他們在入冬前會做足準備，先在秋天時大吃特吃，並儲存足夠的食物在窩裡。那時體重可能會增加30％。當一切準備就緒，再用乾草堵住洞口，進入冬眠狀態。不要以為這樣一睡就到春天才醒，有時也會起床吃點東西、上個廁所，稍微活動一下。

鼠奴小叮嚀　寵物鼠遇到「溫度低於10度」＋「食物越來越少」的情況（與野生倉鼠一樣）也會進入冬眠，這時要再甦醒是很難的。飼主要避免鼠鼠以為「寒冬來臨」，事先做好氣溫、食物的管理。

Column

冬天到了卻還沒準備好？

進入冬眠之前，趁著秋天準備充足的糧食很重要。如果沒有攝取足夠的食物，儲存的糧食也不夠過冬，會發生什麼事？

在冬天如果肚子餓，就必須忍著寒冷到外頭覓食。但食物大量減少，要順利找到相當不容易。而且在覓食過程中，也有可能因為太冷而不小心睡著，最後就這樣斷氣。

熊也是會冬眠的好朋友，我聽主人說過「冬天的熊特別兇」。搞不好這是因為熊沒有做好冬眠的準備，不只寒冷、肚子餓，而且又找不到東西吃……難怪會變得如此兇暴。

翻來翻去，爬不起來！

#身體 #短腿

我們是短腿一族

原因很簡單，因為我們的腳很短！但別看我們腳短，這種長度用於挖洞穴、鑽地道可是非常剛好的，如果再長一點，就沒有辦法跟現在一樣靈巧迅速了。

想翻身的話，就把四肢伸長、揮動試試看！一開始可能沒辦法很快爬起來，但多試幾次也許能抓到訣竅。如果用力揮舞四肢，主人看到也會協助你翻身——讓主人過來幫忙其實也是一種能力。

鼠奴小叮嚀 如果發現鼠鼠掙扎著想翻身，一定要協助牠。說到翻身，平時如果沒有必要，千萬別用「獸醫的固定法」，也就是把牠的皮拉到後頸來固定，這種捏法對鼠鼠來說很不舒服。

我的毛很蓬鬆，超得意！

#身體 #毛質

在日本也叫做「絹毛鼠」

看起來美麗、觸感又好的毛非常有魅力，我們鼠族會忍不住被吸引❤無論是黃金鼠、侏儒鼠等各種倉鼠，這種毛質是共有的特徵。

我們屬於「倉鼠科」，由於毛質有如絹織品一般，所以日文又稱做「絹毛鼠科」，代表身上的毛相當美麗，如絲綢般帶有光澤。人類用這種詞語形容我們的外觀，應該是對我們最大的讚美了！

鼠奴小叮嚀 倉鼠原本是短毛，長毛倉鼠是由於基因變異，且被人類篩選、育種才有。對野生倉鼠來說，毛太長很麻煩，不但有可能纏到東西，理毛也不方便，所以長毛倉鼠無法在野外生存。

用鼻子與鬍鬚接收情報

#身體　#嗅覺　#觸覺

鼻子與鬍鬚是萬能雷達

我們鼠族會利用嗅覺，用「聞」來認識各種東西，最基本的包括區分地盤、食物，以及異性的氣味，而且甚至能清楚知道味道的所在地。

不僅如此，鼻子旁邊的鬍鬚也很厲害。我們能從鬍鬚的觸覺感知回饋中得知「這條路是否能通過」「風從前方吹來」等等資訊。順帶一提，鼻子跟鬍鬚是連動的，所以動鼻子的同時鬍鬚也會跟著一起動。

鼠奴小叮嚀　倉鼠全身都長著細小的「感覺毛」，不只是鬍鬚，只要有感知作用的都是，能強化對物體的方向及距離感。鼠鼠的鬍鬚如果被切斷，會喪失對應的感知能力，請飼主要愛護牠們的鬍鬚。

針掉在地上也聽得很清楚

#身體 #聽覺

聽力一級棒！

我們鼠族會察覺到有動靜，通常是因為聽覺。優秀的聽力能讓我們準確接收敵人的腳步聲，以及翅膀拍動的聲音。

人類能夠聽到的聲音範圍是20～2萬赫茲，而我們鼠族則是1000～5萬赫茲，所能聽見的音頻明顯高出許多。此外，黃金鼠還能發出2萬4000～4萬8000赫茲的聲音，牠們能聽見的與能發出的聲音頻率範圍是差不多的。

鼠奴小叮嚀 從倉鼠能聽到的音頻範圍就能知道，牠們對於低音的聽力並不好，也因此很難聽清楚男性的聲音。跟鼠鼠搭話時記得要輕聲細語，稍微提高音調，牠才會比較聽得到喔。

那傢伙是個小不點

#身體　#侏儒倉鼠

是侏儒倉鼠們！

這幾位是體型大概只有黃金鼠一半的鼠友，叫做「侏儒倉鼠」。「侏儒」這個詞有短小之意，貼切形容了他們的身型。除了黃金鼠以外，現在被當作寵物鼠飼養的（請參閱P30）都是侏儒倉鼠。

野外的世界中，比我們還大的動物多的是。我們倉鼠體型最大的是黑腹倉鼠，他們能長到30公分長。黑腹倉鼠如果看到我們，應該會覺得我們全部都是侏儒鼠吧。

鼠奴小叮嚀 倉鼠雖然體型很小，但被咬到了還是很痛！在某些罕見的情況下，被倉鼠咬到的人會有噁心、腹痛，甚至過敏性休克。被咬到後有過敏反應的人一定要盡速就醫！

Column

我們2種不一樣

最常被誤認成三線鼠（楓葉鼠）的倉鼠，就是一線鼠，就連寵物店也常常搞錯。一線鼠與三線鼠是完全不同的品種。就讓我們來認識兩者的差別吧。

	三線鼠	一線鼠
個性	個性溫順，相當親人，能自在地待在主人手上。	很調皮，雖然不怕人但個性好強，可能會咬主人的手。
外觀的差異	從上往下看體型細長，眼距較寬，嘴巴也偏寬。耳朵為圓形，無論身體是哪一種毛色，耳內的毛都是白的。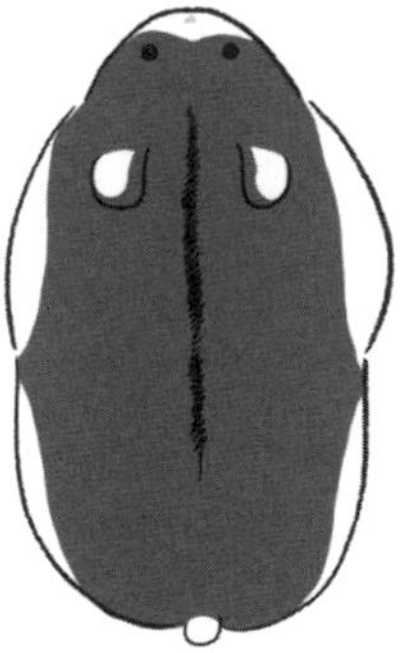	從上往下看體型偏圓。眼距較窄，嘴巴稍尖，耳朵為三角形，耳內的毛則與身體的毛顏色相同。

男生尿尿比較臭！

#身體 #尿尿的味道

又濃又臭才是男鼠漢！

我們鼠族的尿液含水量少，所以很濃。就算是嗅覺遲鈍的主人，也聞得到我們的尿味。正是因為這個特性，我們才能夠用尿液有效劃分地盤（請參閱P28）。

在野生倉鼠的世界，母鼠會在公鼠的地盤裡自己劃分小地盤。公鼠尿液的味道比母鼠更濃，可以展現自己的地盤魅力！不過，兩種尿液其實也只有一點微妙的差別而已。

鼠奴小叮嚀 尿液與糞便是觀察鼠鼠身體狀況的一大線索。糞便的軟硬度與數量、尿液的顏色與量，都關乎身體健康，飼主應仔細檢查，在鼠鼠身體變差時就能及早發現。

倉鼠的放屁日常

#身體 #放屁

我們當然會放屁

你有沒有過氣體從身體釋放出來的感覺？這就是大家說的「放屁」。食物吃下肚在腸道內發酵，產生的氣體最後從屁股排出。

主人也會「噗——」的放屁喔，你有聞過嗎，是不是非常臭？其實屁的味道是由吃下肚的食物決定，如果我們像主人一樣吃肉的話，放出來的屁就會很臭。但我們倉鼠比較常吃草食，放的屁幾乎沒有味道。

鼠奴小叮嚀 會凝結的鼠沙或者棉花，都可能被倉鼠誤食並堆積在腸道，出現排便不順、食欲不佳等症狀，嚴重者甚至會喪命。請飼主不要在鼠鼠周圍放置不能食用的東西。

我都不會痛耶

#身體　#痛覺

對痛覺很遲鈍

你是不是很常聽到，主人不知道又撞到哪邊，大聲嚷嚷「好痛！」。但反觀我們鼠族，從桌上散步時如果不小心掉下來，或跑滾輪時不小心摔倒，都沒什麼感覺。這是因為我們身體感知痛覺的「痛點」，比人類少很多。

雖然我們對痛覺比較遲鈍，但不代表我們不會受傷。從高處不小心掉下來的話，還是會骨折的！

鼠奴小叮嚀　倉鼠雖然能感覺到身體內臟的痛，但對於骨折或外傷的痛，卻非常遲鈍。所以如果鼠鼠從高處落下，有可能已經骨折了卻渾然不知，飼主應該確認爬行姿勢是否正常。

前後的指頭不一樣多

#身體　#指頭數量

便於爬行的特化

先來看看我們的前腳，有四根指頭。讓我們挖掘、抓取食物時更好運用，而且也特別有力。我們的後腳則有五根指頭，能讓我們後腳掌緊貼著地面爬行。

我們倉鼠的最快跑速可以到每小時5公里，比也會挖掘地面的同類——鼴鼠還要快1公里，比小家鼠還慢1.5公里。不過跑速的輸贏不代表什麼，所以我們才不會不服氣呢！

鼠奴小叮嚀 野外倉鼠的主要活動有三項：①挖掘②跑步③穿越地洞。飼主可以用這些習性來準備玩具。①多放一些墊材，讓牠自由挖掘②準備滾輪③放一些管子類玩具，讓牠鑽來鑽去♪

臼齒也會變長嗎？

#身體　#臼齒

和門牙不同，臼齒不會變長

我們的臼齒與門牙不一樣（請參閱P58），不會一直變長。倉鼠一共有16顆牙齒，門牙上下各2顆、臼齒上下各6顆。進食過程中，我們會先用門牙將食物咬碎，再用臼齒磨碎。

也有臼齒會持續生長的囓齒目動物，像是旁邊的日本田鼠先生，他的臼齒還在長。生活真是不容易……不只要注意門牙，還要注意臼齒的長度。

鼠奴小叮嚀　倉鼠專用乾飼料有豐富營養，也很有咬勁，能防止鼠鼠的牙齒過長，通常作為主食。如果要準備食物給年紀較大的倉鼠，可以先將乾飼料泡軟，因為牠們的下巴較無力。

牙齒不會太黃嗎？

#身體 #牙齒顏色

這是囓齒目動物的特徵

仔細看我們倉鼠的牙齒，會發現顏色黃黃的，這其實是所有囓齒目動物的共同特徵。我們的牙齒在生成琺瑯質時，會將銅等金屬與鈣質混合，因此造成染色。

你是不是偶爾會看見人類把我們的上門牙畫的比較長……不過，其實我們的下門牙比較長，啃咬東西時，也是先靠上門牙固定，再用下門牙咬斷。

鼠奴小叮嚀 上下顎是由基因決定，不一樣長會導致咬合不正，使門牙彎曲。如果鼠鼠嘴巴闔不起來還流口水，也可能是咬合不正（請參閱P21）。應定期檢察鼠鼠的門牙與嘴角，確認咬合狀況。

什麼時候會轉大鼠呢？

#身體　#成長

出生2個月之後，你就是成鼠了！

這裡說的「成年」是指「有生育能力」的年齡。雖然不同品種會有差異，但幾乎所有倉鼠都會在出生3週後離乳，之後獨自生活。2個月大時已經是身心成熟的成鼠了，接下來可以生孩子、當鼠父母。

說到壽命，黃金鼠約為三年，侏儒倉鼠則是兩年。野生倉鼠則會將生活重心放在生產上，趁自己還活著盡量多生一些，以防止種類滅絕。

鼠奴小叮嚀　雖然倉鼠的一生都能生產，但隨著年紀越大，一胎的小鼠數量也會變少。飼主如果要讓鼠鼠繁殖，最好趁牠們年輕時，畢竟生產的負擔不小。請好好參考P90的詳細解說。

Column

倉鼠的一生

我們是如何長大為成鼠的？從需要鼠媽媽照顧的幼年期、獨立自主的青年期、到身體慢慢衰弱的高齡期，可以分成3個時期。

出生～3週

剛出生的鼠寶寶還沒有長毛，眼睛與耳朵都是閉著的，靠吸鼠媽媽的奶水生活。毛會在兩週之後陸續長好，聽覺與視覺也會漸漸清楚，並開始使用頰囊。

3週～

離乳最大的證明，就是吃的食物與鼠爸媽相同。這時為了防止與兄弟姊妹吵架或繁殖，會各別隔離飼養。鼠鼠在這個階段體力最好、運動量最大，也最適合生小鼠。

1歲半～

倉鼠在這個階段會開始有老化症狀，像脊椎彎曲、皮毛變得沒有光澤、行動緩慢、下顎無力。飲食是保持健康的基本要素——這時要盡量攝取容易食用的食物來累積體力。

人類的身體會有水珠冒出來！

#身體　#流汗

那個現象是「流汗」

「好熱～」你看主人熱得癱在那裡，有水珠附在他的皮膚上。那個叫做「汗」，是從汗腺分泌出來的。然後主人打開了電風扇，利用風讓汗水蒸發，帶走身體的熱，所以覺得很涼快！

我們鼠族的身體汗腺很少，幾乎不會流汗。不會流汗表示無法像主人，用吹風來讓汗水蒸發、讓身體變涼，所以熱到不行時，可以採取P138介紹的散熱姿勢來清涼一下。

鼠奴小叮嚀　如果鼠鼠體溫升高，而且呼吸得很痛苦，那有可能是中暑了。飼主可以把筋疲力竭的牠移到陰涼處，帶去看醫生時，先在籠子上放保冷劑，並放一些能補充水份的葉菜類（如高麗菜）到籠子裡。

如何分辨男生、女生呢？

#身體　#公母大不同

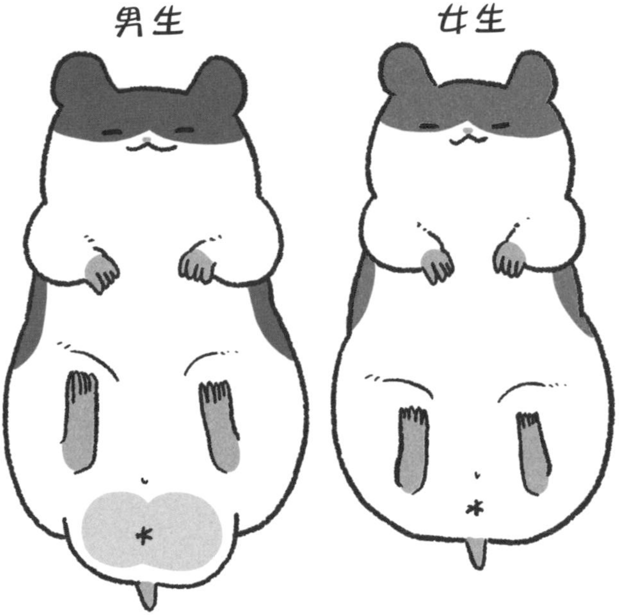

看屁股就一清二楚

想要知道對方是男生還是女生，結果卻完全看不出來？那是因為我們倉鼠無論公母，臉與體型都是沒有差別的。雖然這樣講很害羞，但如果真的要分辨，看看屁股就知道了！

肛門與生殖器之間的距離，是區分性別的要點，公倉鼠比母倉鼠的距離要長。此外，母鼠生殖器周圍會長毛，而公鼠的睪丸在發情期時會腫大，一定一看就能區分出來。

鼠奴小叮嚀 想辨認出幼鼠的性別相當困難。但中國倉鼠例外，牠們可以在幼年期依據體型來區分，公倉鼠的睪丸位於屁股的後側，會比母倉鼠的身體多出一截。

最近好像太胖……

#身體 #減肥

是不是該減肥了？

你會變胖的原因，主要是飲食與運動不足。如果只吃自己喜歡的高熱量種子類食物，吸收的卡洛里比消耗的還多，當然會越來越胖。你應該多吃乾飼料及蔬菜，努力改變飲食。至於運動，請主人多放一些能增加你運動量的管子玩具。另外，住在空間較大的籠子裡，也能夠擴展我們的活動範圍。

健康飲食與適時運動，是變成「美鼠」的捷徑！

鼠奴小叮嚀 漫畫與動畫中的倉鼠常會讓人以為牠們的「主食是葵花子」。這可是大錯特錯！葵花子的熱量與脂肪很高，如果鼠鼠吃得太多，會變成一隻胖胖鼠。

Column

胖胖鼠檢核表

肥胖是許多疾病的根源，如果發現自己「最近好像胖了……」，就應該開始減肥計畫。以下4個問題，只要有1題的答案是YES，表示你很有可能是胖胖鼠。

□ 腰身在不在？

腰的兩側是否還有腰身？如果沒有，而且從後面看又像一顆球的話，就是標準的肥胖體型。

□ 能夠順利理毛嗎？

變胖之後會行動不便，如果連日常中很重要的理毛都無法完成，就是胖胖鼠的證明。

□ 肚毛還是一樣美嗎？

胖胖鼠的肚子會凸出，爬行時會與地面摩擦，所以會越來越禿。

□ 鼠蹊部是否有多餘肥肉？

確認腿部的脂肪。如果鼠蹊部有好幾層肥肉的摺痕，而且摸起來觸感柔軟、肥嘟嘟的，就要注意了！

測量體重

體重管理很重要。請主人把你放到小秤子（如料理用的秤盤）上，以公克為單位記錄體重。

萌鼠劇場

美麗的秘訣

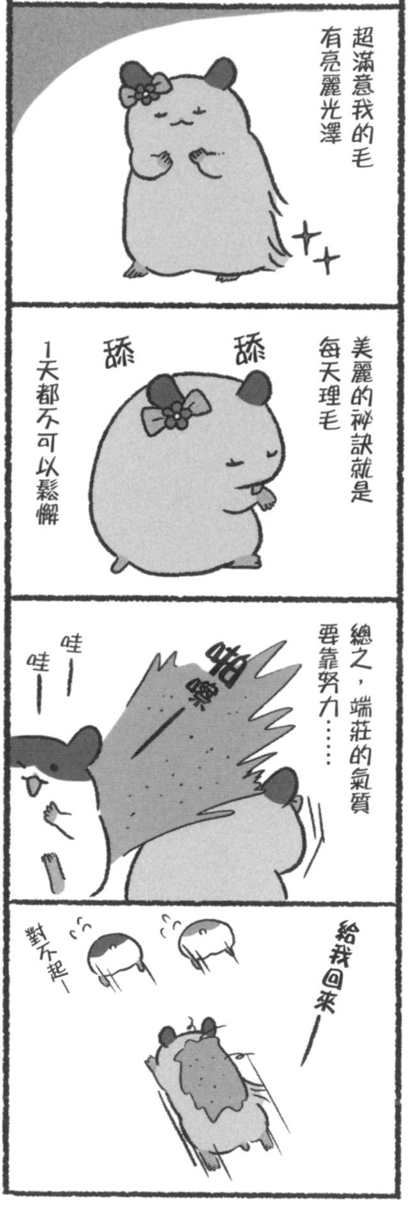

我都看的到唷（應該）

第6章

倉鼠雜學

身為倉鼠，不知道這些小知識就虧大了！快和親朋好友一起來學習。

鼠祖先與人類的緣分

#雜學　#祖先

1930年，在西亞的敘利亞沙漠相遇

最先遇見人類的是黃金鼠！有位大學教授在敘利亞沙漠的阿勒坡，發現了一處野生倉鼠的窩，裡面有1隻鼠媽媽與12隻鼠寶寶。那時黃金鼠的毛色是咖啡色、金黃色、灰色三色混合，與現代咖啡色、白色的毛色不同。

那位教授雖然帶走了13隻，但沒多久倉鼠就開始逃跑、自相殘殺，最後只留下1隻公鼠與2隻母鼠。人類於是將這3隻倉鼠配種，慢慢增加倉鼠的數量。

鼠奴小叮嚀　黃金鼠一家被放進同個箱子？你應該能想像牠們會爭得你死我活。雖然只剩下3隻存活下來，但倉鼠能近親繁殖，繁殖能力很強，鼠寶寶很快又會長成鼠爸媽，繼續繁衍下一代。

倉鼠什麼時候到日本住？

#雜學　#來日本

1939年，為了研究牙齒而來

黃金鼠在1930年被發現，之後大量繁殖。1931年被人類引進倫敦，1938年則漂洋過海被運到美國，而後盛行全世界。而日本為了牙齒的相關研究，於1939年引進黃金鼠作為實驗動物，約在1970年才開始流行飼養。

我知道，聽見一開始到日本其實是為了做實驗，你的心情難免會有些複雜……但這也是我們現在能遇見主人，過著美好生活的原因！

鼠奴小叮嚀　倉鼠一直是皮膚移植、癌症等研究中的重要腳色，更是「冬眠」相關研究的珍貴樣本。倉鼠即使在地洞，只要低溫就會進入冬眠，像這樣能近距離觀察的冬眠動物相當罕見。

野生倉鼠如何生活？

#雜學 #野生

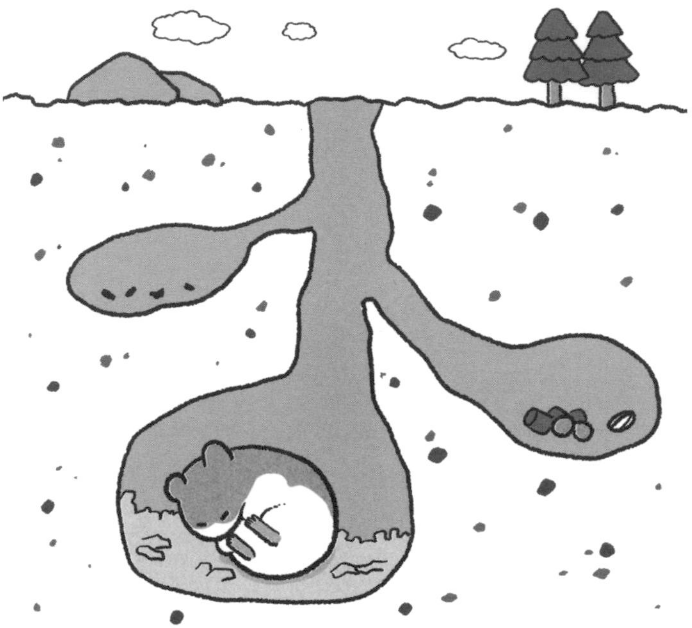

白天在地洞睡覺，夜晚外出覓食

野生倉鼠過著挖掘地洞的生活。倉鼠的天敵很多，而白天最容易被獵捕，這時倉鼠會在地洞內睡覺。到了夜間，野生倉鼠會觀察周遭，小心離開巢穴，爬到地面覓食。一旦發現食物就塞進頰囊，一整晚都在外尋找食物，最後趁著天敵醒來之前回到地洞。

白天睡覺，夜晚活動的生活模式，是不是與我們現在的生活差不多呢？

鼠奴小叮嚀 在地底下做窩的原因有二個：①避開天敵，保護自己。地面上很多天敵如狐狸、貓頭鷹等。②因為溫度。野生倉鼠生活的沙漠區域，日夜溫差大，地底的溫度較穩定。

Column

野生倉鼠的1年

野生倉鼠生活的自然棲地，主要是岩漠地區，有少量植物生長，春夏秋冬四季分明。他們的生活會隨著四季而有變化，來看看他們的1年吧。

春　生產鼠寶寶

除了秋天，春天是第二適合生活的季節。食物豐富而且氣候穩定，不少鼠媽媽會選在這時生產。

夏　待在地洞消暑

炎熱的夏天最麻煩了。在地面上活動，體力會消耗得很快，所以必須盡量待在地洞休息，保留體力。

秋　冬眠的準備

果實豐饒的秋天，是倉鼠最活躍的季節。這時會盡量吃得胖胖的，並在地洞儲存足夠食物，為即將到來的冬眠做準備。

冬　冬眠

岩漠地區的冬天非常寒冷，野生倉鼠會進入冬眠狀態。當地洞內的溫度小於10度，他們就會開始冬眠，從11月一路睡到4月。

名字的由來

#雜學 #名字的由來

由德文中的「存錢」「hamstern」演變而來

倉鼠的英文是「hamster」。

「hamster」的來由眾說紛紜，不過公認最可信的，是源自德文表示「囤積」「存錢」的「hamstern」。

因為我們喜歡用頰囊儲存食物，又喜歡把糧食放在特定地方……有沒有感覺這個詞貼切描述了我們的行為？「hamster」不但順口，還帶著一種可愛感，結果就這樣順水推舟成為我們的名字了。

鼠奴小叮嚀 每隻鼠鼠存糧的地方都不同，鼠窩裡、籠子角落，或滾輪後面都有可能。牠們會將食物放在其他倉鼠找不到的地方，有些鼠鼠的存糧點還可能超過兩個以上。

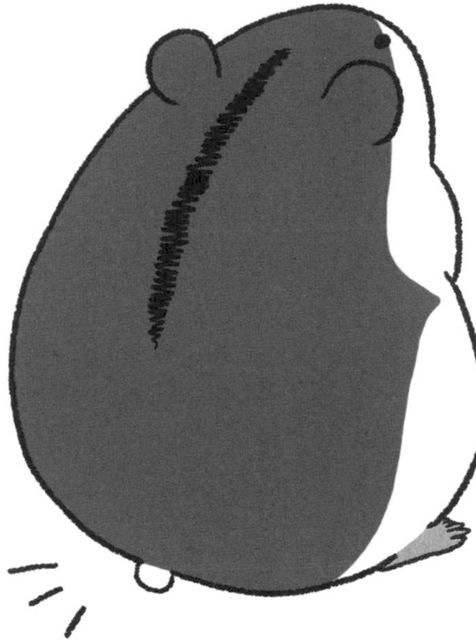

為什麼尾巴短短的？

＃雜學　＃尾巴長度

長尾巴會添麻煩

長尾巴的動物當然不少，像是松鼠、貓咪和猴子。這些動物有個共通點，會做出爬樹、跳躍等較為「立體」的動作，因為大幅度的跳躍需要長尾巴來平衡。

而我們倉鼠呢？基本上沒有那種動作，在地面爬行就能夠過生活。如果尾巴太長，還要擔心會不會勾到東西，光想就覺得麻煩。

鼠奴小叮嚀 鼹鼠跟倉鼠一樣生活在地底，也是短尾一族。由於在地洞裡挖土、在地面爬行的生活完全不需要長尾巴，所以就漸漸退化成現在這樣短小可愛的樣子。

那個尾巴粗粗的是誰呀？

#雜學　#通心粉鼠

是通心粉鼠（北非肥尾沙鼠）！

你看上面那2隻鼠，拖著粗粗肥肥的尾巴。他們是通心粉鼠，尾巴看起來粉粉胖胖。

他們的尾巴其實能用來判斷身體健康——通心粉鼠吸收的營養會轉移到尾巴，變成脂肪讓尾巴越來越大。讓我們來比較一下上面2隻通心粉鼠友的尾巴！右邊的比較大，而左邊的比較細長。我們可以看出左邊的鼠先生營養不太夠，要加把勁多吃一點。

鼠奴小叮嚀 飼主偶爾也要檢查鼠鼠的屁股，有些狀況下，看起來粗肥的尾巴說不定是脫肛的腸子，原因可能是便秘、拉肚子等。要注意不要碰觸牠的腸子，並盡速就醫，將腸子歸回原位。

我們的乳頭數量不一樣

＃雜學　＃乳頭數量

有12～17顆乳頭

大家來算算看自己的肚子上有幾顆乳頭。你有12顆，旁邊的鼠友有14顆，而且不只數量，連位置都有點不同！雖然每隻鼠都有差異，但數量會在12～17顆之間。

哺乳類的乳頭數量，其實與一胎的生育量有緊密關聯。像我們一次會生產很多小寶寶，所以這麼多乳頭是必要的。好讓每一隻鼠寶寶不會找不到媽媽的乳頭而餓肚子。

鼠奴小叮嚀　黃金鼠平均一胎有8隻鼠寶寶，侏儒鼠則約4隻。為了同時哺乳，乳頭的數量至少要大於鼠寶寶。而人類由於一胎的寶寶數量較少，所以只有兩顆乳頭。

我不想蛀牙

#雜學 #蛀牙

琺瑯質受損是很危險的！

主人說「鼠鼠好像蛀牙，要帶牠去看牙醫」，一副擔心的樣子。我們鼠族的牙齒被一層琺瑯質包住，只要琺瑯質沒有受損，就不會有細菌進到牙齒裡面，你可以放心。

但也不能大意，如果因為咬籠子讓琺瑯質受損，等於開了迎接細菌大軍的一扇門。假如真的蛀牙，就沒辦法吃堅硬的食物，必須接受醫生治療。

鼠奴小叮嚀 除了受損的琺瑯質，嘴巴、牙齦的傷口也可能感染細菌。餵鼠鼠吃砂糖可能讓牠蛀牙。大自然沒有砂糖，野生倉鼠不會直接食用，而寵物倉鼠也不需攝取，請別提供這類食物（如糖水）。

老鼠跟倉鼠的不同

#雜學 #與老鼠的差別

外觀的差異也很大

要分辨我們跟老鼠，有三個簡單的重點。首先是毛的柔軟度。在P143介紹過我們的毛有如絹毛般滑順柔軟，就算閉著眼睛摸，也能感覺老鼠與倉鼠的不同。

第二，只有倉鼠有頰囊。雖然一樣是齧齒類，但是只有會冬眠的倉鼠才有。而不用冬眠的老鼠則沒有。

第三，還可以用尾巴長度來判斷，大部分老鼠的尾巴都比我們長。

鼠奴小叮嚀 從生物分類法來看，老鼠與倉鼠都是「齧齒目」動物，而老鼠屬於「鼠科」，倉鼠則是「倉鼠科」。除了本篇介紹的三點之外還有其他差異，如耳朵大小、牙齒形狀等。

全世界都有我們的同伴！

#雜學　#棲息地

從山岳到沙漠地區，到處都是我們的棲息地！

目前已發現的野生倉鼠共有22種，其棲息地以歐亞大陸為中心，生活在各式各樣的環境。我們有很多天敵，所以會遠離他們遷徙。結果，野生倉鼠最後幾乎都生活在沙漠、乾燥的草原等地方。

由於棲息地不同，每一種倉鼠的特徵會有些許差異。例如侏儒鼠為了在嚴酷環境中生存，腳掌還有著保護腳底的細毛。

鼠奴小叮嚀 在海拔3000公尺高山地區生活的倉鼠，有常見的短耳倉鼠，以及後腿健壯、能跳躍的鬍鬚麗倉鼠（Great Balkhan mouse-like hamster）。全世界都有不同特徵的野生倉鼠。

Column

野生倉鼠的滅絕危機

前一頁說明了全世界都有野生倉鼠，但近年來，野生倉鼠的數目其實不斷減少。各國的土地開發，正是造成倉鼠棲息地減少的其中一個原因。

住在敘利亞阿勒波區的野生黃金鼠，由於人類的戰爭而面臨絕種危機。國際自然保護聯盟（IUCN）就將野生黃金鼠納入瀕危物種紅色名錄，是很可能野外滅絕的「易危物種」。

野生倉鼠的生活相當辛苦。但作為寵物或實驗動物的倉鼠，少說也有幾千萬隻。所以現階段還不用擔心會全面絕種。

被趕去沙漠的倉鼠

#雜學　#棲息地

良好的地區都被黑腹倉鼠搶走

在P172頁提到，我們鼠族為了遠離天敵而遷徙到沙漠。但不只是掠食者，倉鼠自己也有殘酷的弱肉強食現象。

黑腹倉鼠是倉鼠中最大也最有力氣的。植物開始生長時，倉鼠會為了資源而互相爭地盤，而黑腹倉鼠總是勝利的一方。強者自然能搶到較好的棲息地，而弱者就只能往貧瘠的地區去，這就是野生倉鼠的社會。這世道真是水深火熱。

鼠奴小叮嚀 黑腹倉鼠是所有倉鼠中體型最大的，體長可以到達30公分，體重甚至可以超過1公斤。牠們一般居住在比利時、或歐洲中部等較適合倉鼠生活的地區。

各種不同的毛色

#雜學　#毛色

野生倉鼠本來都是棕色的

原本生活在野外的我們，毛色只有棕色系。棕色像是被潑到泥土，活動時較難被天敵發現。不過有時會有基因變異，於是生出棕毛參雜白毛的倉鼠。在野外，身上有白毛會很顯眼，容易被獵捕……除了棕色系，其他顏色都很難在野外生存。

不過像我們一樣的寵物鼠，如果有銀色、寶藍色等的毛色變異，會被人類保存下來，下一代就擁有更多豐富的顏色。

鼠奴小叮嚀 白化症是基因變異中最常發生的。白子倉鼠體內沒有色素，只有全白的毛與紅通通的眼睛。至於黑白雙色、斑點花樣的倉鼠，則是由人類篩選而來。太顯眼的話很難在野外存活。

到了冬天會變成白色

#雜學　#換毛

三線鼠的別名是「冬白倉鼠」

「夏天時我的毛是藍寶石色，冬天時就變全白了！」三線鼠先生對自己的毛色變化很驚訝，其實這很正常！三線鼠又有「冬白倉鼠」之稱，正如字面上的意思，到了冬天就會換成全白的毛。

三線鼠的棲息環境會下雪，而為了避免天敵追捕，變成跟雪一樣白的毛色最安全。這就是在夏天、冬天換毛的「冬白倉鼠」的誕生記。

鼠奴小叮嚀 並不是每一隻三線鼠都會換毛，有些原本是全白的，結果冬天過後，夏天時又換成別的顏色（也有相反案例）。不過，相信飼主給鼠鼠的愛不會因為顏色而有改變❤

我是游泳高手嗎？

#雜學　#游泳

用頰囊當游泳圈的狗爬式

前幾天下了一場大雨，外頭的野生倉鼠為了生活不得不游泳。讓我們來看看他們的泳技。

先吸大口空氣囤在頰囊中，讓臉頰兩側的囊袋鼓起來，就像游泳圈一樣。接著再用前腳往下挖水前進。這種游泳方式跟狗狗很像，所以又有「狗爬式」之稱。野生倉鼠就是用這種方式安全到達陸地。

雖然寵物倉鼠沒有游泳的機會，但必要時這樣游就對了！

鼠奴小叮嚀 倉鼠原本住在沙漠地區，雖然不識水性，但必要時還是能游泳的。不過鼠鼠被冷水浸濕，可能會失溫而死亡，請飼主千萬不要勉強牠游泳！

倉鼠結婚有哪些規定？

#雜學　#結婚對象

只有品種相同，才能生出小寶寶鼠

你知道狗可以生出混種狗嗎？狗狗的祖先（野生種）經過人類的基因改良，演變為各種不同的狗狗。所以，吉娃娃跟博美狗雖然看起來不同，卻還是能生下混血狗寶寶。

我們倉鼠跟狗不一樣，並不是改良基因而創造出的物種。不管是黃金鼠、三線鼠，還是老公公鼠，每一種的野生種都完全不同，並不能跨種雜交。

鼠奴小叮嚀 三線鼠與一線鼠的外觀相似，常被人搞錯，應注意不能讓牠們交配。另外，就算是同種也要盡量避免近親交配。倉鼠是近親交配能力很強的動物，但近親交配容易造成基因缺陷。

想要很多很多小寶寶

#雜學　#鼠寶寶數量

最多可以生產24隻鼠寶寶

妳一定很想當鼠媽媽吧。光想到可愛鼠寶寶的模樣，期待的心情簡直就要爆發了。以黃金鼠來說，有鼠媽媽一胎生產24隻鼠寶寶的紀錄……有24隻可愛的鼠寶寶耶，簡直就像天堂一樣。

咦，但妳好像還沒找到白馬王子。妳要先從相親開始，找一隻適合當好爸爸的居家好男鼠。關於相親的方法在P24有介紹，請仔細閱讀！

鼠奴小叮嚀　如果鼠鼠懷孕，就請飼主盡量別接近牠。一般的母老鼠懷孕時，光是聞到公老鼠的氣味就會不小心流產，而倉鼠也可能有同樣狀況。不讓鼠鼠有壓力是相當重要的事。

頰囊的構造是什麼？

#雜學　#頰囊的由來

原本只是一條皺褶

兩頰的囊袋是倉鼠的最大特徵，不過你知道它的由來嗎？其實這個構造原本只是一條皺褶。倉鼠的祖先發現自己臉頰兩側有細小的皺褶，於是突發奇想：「找到的食物說不定可以藏在這裡！」演變出這種習性。只要覓食一次，就能收集更多食物，不用反覆進出，大幅減少體力消耗。結果兩側的小皺褶就漸漸變大，最後變成現在的大頰囊。照這樣下去，可能還會繼續變大?!

鼠奴小叮嚀　袋鼠的育兒袋也是同樣道理，袋鼠寶寶會在育兒袋裡吸奶，而育兒袋其實原本也只是肚子上的一條皺褶，經過演化慢慢變深，直到能裝下袋鼠寶寶。動物的演化是不是很有趣呢？

Column

囊袋在臉頰外側的鼠族

你是不是也認為「頰囊就是應該在嘴巴裡面！」不過……也有囊袋長在嘴巴外面的鼠友，他們是有著構造特別的衣囊鼠（Pocket Gopher）。

我們來看看衣囊鼠的生活方式。他們找到食物之後，會立刻塞進臉頰外側的囊袋。這畫面真是厲害！他們把臉頰外側的囊袋塞得鼓鼓的，回到巢穴後再把食物安放到存糧處。衣囊鼠的祖先就是活用了臉頰外側的皺褶，才演化成現在的囊袋。

好想到美國去認識認識他～。但如果囊袋長在嘴巴外面，感覺走路時會掉出來，很沒安全感。我的囊袋是在嘴巴裡面，呼！真是太好了。

日光浴好舒服

#雜學 #生理時鐘

曬太陽可以調整生理時鐘

窗簾透過了微微的陽光，照在身上好舒服。其實對我們鼠族來說，陽光有助於調整生理時鐘。野生倉鼠雖然只有在太陽西下、大地變暗時，才會爬出來到地面活動，但在地洞裡還是偶爾能享受穿透土石的陽光。

對日行性的花栗鼠來說，曬太陽是必要活動，不曬太陽的話可能會生病。而我們倉鼠雖然不會因此生病，但長期不曬太陽，對身體還是不好。

鼠奴小叮嚀 不妨每天讓鼠鼠在窗邊曬太陽15分鐘。牠們平時都待在室內，偶爾曬到窗外的陽光會很幸福的。但請別在陽光強烈、或天氣寒冷時把鼠鼠放在窗邊。

我也想要當「鼠瑞」！

#雜學　#長壽

金氏世界紀錄認證：4歲半最長壽

真是難求的夢想！對我們倉鼠而言，黃金鼠超過2歲、侏儒倉鼠超過1歲半就已經很老了，是值得尊敬的「鼠瑞」。

由於鼠生短暫，夢想越大越值得你追尋，搞不好你也可以打破世界紀錄哦！目前為止最常壽的倉鼠，是英國的4歲半寵物倉鼠。雖然這個紀錄沒有品種的詳細資訊，但你只要活超過4歲半，就可以成為最長壽的「老鼠」了。

鼠奴小叮嚀 有些倉鼠先天短命，有些則意外病死，每一隻的壽命都不一樣。不過，飼主每天給予滿滿的關愛，以及無微不至的照顧，就是鼠鼠最幸福的事了！

倉鼠也會做夢嗎？

#雜學 #夢

淺眠時才會做夢

主人是不是偶爾會說：「你不是做惡夢了？」其實所謂作夢，只會發生在身體休息而大腦還有活動的淺眠狀態。

倉鼠有淺眠期，說不定我們其實也會做夢！不過，鼠學老師我不記得自己有做過夢……。睡覺時，腳腳或鬍鬚不自主抖動，也可能是我們正在作夢的表現喔。

鼠奴小叮嚀 倉鼠的一個睡眠週期是11分半（請參閱P76），在那麼短的週期中被打擾會造成壓力。飼主看到鼠鼠睡覺時請別打擾牠，例如打開鼠窩，因為只要有光線，牠就會醒過來了。

死掉之後會到哪裡去？

#雜學　#道別

主人會好好跟我們告別

我們的壽命與人類相比十分短暫，主人無論在我們誕生或離開世界時，都會陪在身邊。

如果主人家裡有庭院，那我們死後會與最愛的食物一起放在箱子，然後埋進院子裡。「埋在庭院，會不會被其他動物挖出來吃掉？」不用擔心，因為主人有完美的策略，那就是挖一個超過30公分深的洞當作我們的墓穴，這樣就不會被挖開了。

鼠奴小叮嚀 如果家裡沒有庭院，也可以選擇寵物墓園，與寵物殯葬業者討論，包括公墓、納骨塔等。要知道，不管是什麼方法，只要能傳達飼主的愛，鼠鼠都會很幸福。

以○或×回答
以下的問題

鼠學隨堂考 －後篇－

各位鼠友究竟學到多少倉鼠知識？
前篇之後，我們來複習第4章～第6章。

第 1 題 會卡在嘴裡、濕濕黏黏的墊材，就是**好墊材**。 [　　　]
→ 答案・解說 P.123

第 2 題 長毛的倉鼠可以請主人幫忙**梳毛**。 [　　　]
→ 答案・解說 P.112

第 3 題 倉鼠的門牙、臼齒都會**持續變長**。 [　　　]
→ 答案・解說 P.152

第 4 題 我們是**遠視**。 [　　　]
→ 答案・解說 P.135

第 5 題 到了冬天，三線鼠會**換毛**成白色的。 [　　　]
→ 答案・解說 P.176

第 6 題 透明的**倉鼠球**，是我們很喜歡的玩具。 [　　　]
→ 答案・解說 P.128

第 7 題 在滾輪上無論轉幾圈都**不會暈**。 [　　　]
→ 答案・解說 P.133

第 8 題 一開始是當作**寵物倉鼠**引進到日本。 [　　　]
→ 答案・解說 P.163

第 9 題	牙齒太黃是因為**蛀牙**。	[　　]	→ 答案・解說 P.153
第10題	翻來翻去起不來， 是因為我們的**腳太短**了。	[　　]	→ 答案・解說 P.142
第11題	每一隻鼠的**乳頭**數目都不同。	[　　]	→ 答案・解說 P.169
第12題	我們可以跟**不同品種** 的倉鼠生寶寶。	[　　]	→ 答案・解說 P.178
第13題	看臉就能分辨我們的**性別**。	[　　]	→ 答案・解說 P.157
第14題	我們會**游泳**。	[　　]	→ 答案・解說 P.177
第15題	覺得熱的時候， 可以把伸展身體來**散熱**。	[　　]	→ 答案・解說 P.138

答對11～15題(表現得非常好)

太棒了！簡直是鼠中之鼠，你也可以當鼠學老師！

答對6～10題(不錯唷)

好可惜。再讀一遍，一定可以拿到滿分！

答對0～5題(好好加油吧)

你都在睡覺嗎？這樣也太糟糕了……。

INDEX

#心情

#行為

#生活

#鼠與人

#身體

#雜學

一起來　好 022

當然問倉鼠才清楚！

最誠實的倉鼠行為百科【超萌圖解】：動物學家全面解析從習性、相處到飼養方式的130篇鼠鼠真心話

監　修　今泉忠明
繪　者　栞子
譯　者　林子涵
編　輯　林子揚

總編輯　陳旭華
電　郵　steve@bookrep.com.tw
社　長　郭重興
發行人　曾大福
出版單位　一起來出版／遠足文化事業股份有限公司
發　行　遠足文化事業股份有限公司
www.bookrep.com.tw
23141新北市新店區民權路108-2號9樓
電話｜02-22181417　傳真｜02-86671851

封面設計　許立人
排　版　宸遠彩藝
印　刷　中原造像股份有限公司

法律顧問　華洋法律事務所　蘇文生律師
初版一刷　2020年3月

定　價　360元

國家圖書館出版品預行編目(CIP)資料

當然問倉鼠才清楚！最誠實的鼠鼠行為百科【超萌圖解】: 動物學家全面解析從習性、相處到飼養方式的130篇鼠鼠真心話 / 今泉忠明監修；林子涵譯. -- 初版. -- 新北市：一起來, 遠足文化, 2020.03
192面；14.8×21公分. -- (一起來好；22)
譯自：ハムスターがおしえるハムの本音
ISBN 978-986-98150-5-5(平裝)

1.鼠　2.寵物飼養

389.63　109001162